嘴出成功人生

SPEAK YOUR LIFE!

吳載昶 著

商業會談

總是無法掌握主動權？
談判都講不贏別人又常常吃虧？

也許不是你實力不夠、準備不充分、
運氣不好……
你只是不夠會「說」！

解密肢體語言×
掌握虛實話術×
主導談話走向，
談判桌上萬事俱備，只欠張嘴！

談判桌上的規則不是講話
大聲就是贏家

想要場面不尷尬、交談不卡卡，
先學會如何「說話」！

目錄

第 1 章　談判準備：不打沒有準備的仗

第 2 章　巧妙進入主題，營造氣氛

第 3 章　語言攻心，不戰屈人

目錄

第 7 章　言語靈活，措辭委婉

第 8 章　虛實結合，巧用暗示

第 9 章　出奇致勝，巧言攻堅

目錄

目錄

第 1 章

談判準備：不打沒有準備的仗

談判之前先要知己

在談判前你不僅要清楚自己想要從談判中得到什麼，還要知道自己為什麼要談判，以免在談判中做無謂的努力。因此，你最好在談判之前先從以下三個方面問問自己：

了解自己去談判的理由

你為什麼要去談判而不去做其它事情？這個問題可以幫你把主要精力都集中在設計談判戰術和策略上。可能有以下一些理由促使你去談判：

- 你沒有能力去做某件事情；
- 你希望對方給你提供價格便宜的原料；
- 你想將自己的產品賣給對方；
- 為了實現自己的目標，你必須與其他人合作，因為他們有同樣的能力和同樣的觀點。

了解自己的談判實力

可以從以下幾個方面了解自己的談判實力：

- **談判的信心**：要有遇到強硬對手的心理準備，在設計談判策略時，盡量往壞處想，做好談判破裂的心理準備，制定好撤退方案。
- **滿足對方需求的能力**：談判高手不僅要清楚自己想從對方那裡得到哪些利益，還要知道自己能滿足對方哪些需求。在滿足同種需求的競爭對手中，自己具有哪些優勢和劣勢，處於什麼樣的競爭地位。
- **自己的經營能力**：分析自己的生產實力、技術水準以及所提供的商品或服務的狀況。

➢ **自我需求的分析**：應該清楚地知道此次談判可以滿足己方的哪些需求，需求滿足的可替代性有多大，各種需求的滿足程度怎樣，等等。

了解自己的談判極限

準備談判時，你要做的最關鍵的事情之一就是確定自己在談判中的極限。這樣你才知道，什麼時候應結束談判，什麼時候可以說「是」，什麼時候可以說「不」，什麼時候態度可以強硬，什麼時候可以終止談判。這也就是說，如果到達這個極限點，必須清楚自己該怎麼辦。

另外，你應該考慮在你沒有得到預期的結果時，將會發生什麼事情，最好的選擇是什麼。談判大師費希爾和尤里提出了一種準備談判的建議。他們提出：人們可以使用達成談判協議的 BATNA（Best Alternative to a Negotiated Agreement）法，即談判協議最佳替代方案。也就是說，如果你認為很可能要達到自己的談判極限的話——它已經給了你終止談判的自信，你心中就已經有應急的對策了。

摸清對手達到知彼

了解了自己的情況，接下來就應該了解對手了。只有「知己知彼」，才能「百戰不殆」。因此，在談判準備過程中，摸清對手的底細是了解對手的重要一步。

摸清對手 6個方面的底細

1. 對方的主要資格：是否具有法律所規定的合法資格；
2. 對手的企業性質：如在公司談判中，對方是有限公司，還是無限公司；

是母公司、分公司，還是子公司，要防止子公司打著母公司的招牌虛報資產的現象；

3. 對方的經濟狀況：如資金、資產負債、產品銷售量等；
4. 對方談判的目的並猜想其期望值；
5. 對方的經營作風、市場信譽以及與其他公司之間的交易關係；
6. 對方的談判時限。在日本，銷售談判人員非常注重了解對方的談判時限，然後針對對方的時限，控制談判進程。

摸清對手底細的兩大祕訣

■ 觀察分析目標市場或談判對手的反應，具體方法有

- **橫向觀察**：在某一特定時間內觀察調查對象。
- **縱向觀察**：在不同的時間加以觀察，取得一連串記錄。
- **綜合觀察**：從縱橫兩個方面觀察，並加以對比、分析。

觀察法能夠客觀地收集資料，透過觀察人或經濟活動的外部表現，可以間接地估測行為背後的動機。

有一次，一批日本商人去法國觀摩一家有名的照相器材廠。該廠實驗室負責人熱情而有禮貌地接待了日本客人。在帶領客人參觀實驗室時，他一面耐心地解答客人提出的諸多問題，一面仔細地注意來訪日本商人的舉動。因為他深知，有許多人是借參觀之名，行竊取先進技術之實。

在參觀一種新型顯影溶液的時候，實驗室負責人發現，一位日本商人在俯身貼近盛溶液的器皿認真地辨認溶液顏色時，領帶末端不小心浸入了溶液之中。這個細節被實驗室負責人看在眼裡，記在心上。他不動聲色地叫來一名助手，悄悄地吩咐了一番。在參觀即將結束時，這位助手捧著一

條嶄新的領帶來到那位日本商人的面前，彬彬有禮地說：「先生請稍等，您的領帶弄髒了，為您換上一條嶄新的、同款式的，好嗎？」面對主人的一番盛情，日本商人只得尷尬地換下他那條沾有顯影劑的領帶。原來，日本人此舉的目的是為了將溶液沾附在領帶上，帶回日本做分析，以獲取顯影劑的配方。但由於實驗室負責人的細心觀察，一次竊取機密的陰謀在友好的氛圍中被化解了。

同樣的，在談判中做一個有心人，注意觀察對手的一言一行，往往能從枝微末節中得到許多非常重要的資訊。

運用觀察法，具有獲得資訊量大、資訊面廣又準確的優點。不過，在觀察中面對大量的資訊時，應避免主觀臆斷，對觀察得到的資訊要認真地加以區別與分析，辨明真假。

■ 傳媒分析

身為一個談判者，在面對排山倒海的傳媒資訊時，應該獨具慧眼，找出對自己有用的資料。

二戰期間，一位名叫伯爾托爾德．雅各布的作家出版了一部有關希特勒軍隊詳細情況的書。在這本書中，他描述了德軍的組織結構，參謀部的人員布置，部隊指揮官的名字，甚至包括了最新成立的裝甲師的步兵小隊。這些都屬於德軍的軍事絕密資料。該書的出版引起了希特勒的極度恐慌，於是，雅各布被蓋世太保逮捕入獄。

在蓋世太保的審訊室，德軍情報顧問瓦爾特．尼古拉上校對雅各布進行了嚴刑逼供。而雅各布的回答卻大大出乎蓋世太保的意料。雅各布供述說：這些所謂的「軍事機密」都來自公開的新聞媒體。文中所涉及的第17 師指揮官駐紮於紐倫堡，取材自紐倫堡報紙的一個訃告，該訃告說最近調駐紐倫堡的第 17 師的指揮官將要出席追悼會。而在另一份烏姆的報紙中，他讀到了一則報導菲羅夫上校的女兒和史太梅爾曼少校舉行訂婚儀式的新聞，該報導提到了菲羅夫是第 25 師第 36 聯隊的指揮官，而史太梅爾曼少校的身分是信號軍官。所以說，雅各布並不是間諜，他只是留意了新聞媒介的報導，巧妙地取得了間諜也不一定能取得的祕密情報。

這件事雖然發生在二戰期間，但對於我們的談判情報收集仍然有非常重要的啟迪性。在今日的資訊時代，大眾傳媒的覆蓋面更廣，技術更為先進，尤其是隨著網際網路的開通，國際組織、企業及個人資訊資源的共享，為獲取資訊提供了更為便捷的途徑。

談判方案是談判的進軍路線圖

選擇正確的談判方案是一門學問，在實際談判中需要運用多種策略與技巧，究竟應該採用哪種談判策略或方法，要考慮到談判人員的經驗、風格以及談判內容、談判對手的情況等，如果是涉外談判，還要考慮對方的民族習慣與談判特點。

如果談判人員運用「對我方有利」的談判技巧，那麼，在談判之前，就應確定獲得利益的最低界限，以及可以做出讓步的幅度。

與對手談判的人員在選擇談判方案時，還應慎重考慮談判的內容及己方所要達到的目的。如果己方迫切需要客戶的訂單，以保證生產的正常進行，那麼在談判中應具體運用互利型的談判策略。為了得到訂單，己方可在其他方面做出一定的讓步，以滿足對方利益，達到簽約的目的。

如果己方是旨在發掘互利互惠的合作機會，最好採用創造型的談判方案，不要過分拘泥於傳統的談判方式，談判的具體目標也應靈活，具有較大的彈性。只要雙方有長期合作的可能，就可以在目前的談判中做出較大的讓步，為長期合作打下基礎。如果雙方一直保持長期的合作關係，那麼，談判的風格可採取「回顧展望」的方式。與對方共同回顧過去長期合作的愉快經歷、個人之間的友好情誼，展望未來合作對雙方的重要意義。這種談判方式會使雙方會談的氣氛融洽，並增加彼此間的信任，有利於達成協議。

透過以上一系列的操作，談判應要採取何種方案基本上就定型了。可以說，制定出一個好的談判方案，可以使談判人員在實際談判中游刃有餘地展開談判活動。一個好的談判方案就是一張談判進軍路線圖，是整個談判樂章的優美前奏，但也只是完成了談判前期的基本準備。在正式談判開始以後，隨時都可能發生意外事件或情況，談判者要有足夠的心理準備，並及時根據所發生的情況及其變化，針對下一輪談判的需求，對方案作必要的修改與調整，做出新的、更加充分和細緻的準備方案，使談判達到預期的目的。

準備階段

在談判桌上，談判形勢經常會風雲突變，令談判者眼花繚亂，應接不暇。為使自己能夠在談判桌上應對自如，活用自己的謀略來駕馭談判，談判者必須進行一定的準備工作。

談判人員的談判準備工作分三個方面，相輔相成，缺一不可。

■ 長期準備

對自己有個真實而細緻的認識，從而改變自己不利的方面。所謂知己知彼，首推知己。知己是對自己的真切了解，談判的準備需從知己開始，如可以從自身、企業、國家等不同的角度來做分析，哪些屬於優勢方面，哪些是薄弱環節，以客觀的態度，進行考察和評量。從自身的角度來看，身為談判者，其知識、修養、口才乃至風度都會有一定的要求，談判需要廣泛的、豐富的知識和經驗，這是不言而喻的，但人在的性格上的弱點對談判也有影響，這一點往往被忽視。比如，自卑的人，面對較強硬的對手，會產生較大的心理壓力，容易接受暗示，變得猶豫，當斷不斷；脾氣急躁的人，在談判中往往不冷靜，缺乏耐心，造成判斷失誤，或因急於求成，忽視細節，讓對方鑽漏洞；愛鑽牛角尖的人，不善於多方向思考，應變能力差等。知己才能知人，善於剖析自我，透過克服性格上的弱點，不斷提高自身的素養，這對於在談判中更好地發揮水準是很重要的。

在「知己」後，還應該加強對各類知識的學習才能不斷地完備自己。因為談判是一項綜合性的藝術，談判主導人員除了具備專門的知識技能外，還須懂得一些心理學和人際關係學，從而在談判場上博取談判對手的好感，並能揣摩對方的心理，預測對方的行動，爭取到較高的談判成功率。

累積各類資訊，為自己建立一個資訊庫，這在經濟談判中尤其是涉及到企業之間貿易方面的交涉時更為重要。在一些正式談判前，等到已知雙方要就某個問題進行談判時，再去收集對方情報，那樣就為時過晚了。因為對方已把你當作危險人物，而且此時正是對方保密警惕性最高的時候。所以，平時就應該收集與累積各類情報、資料、資訊，形成一個資訊庫，在談判之前，再進行整理、分析。這也就是所謂的「知彼」。

知彼是對對方的真切了解。在談判中，要做到「胸中有數」，知彼是不容忽視的。要對付未來的談判對手，就要盡可能多地了解對方，包括對方的個人性格特點，如興趣、愛好、追求等。對於一些貿易公司，在經濟談判前，就要根據具體的情況和需求，充分了解對方公司的信譽、作風、經營能力、政治態度及過往履行合約的情況，盡可能多地掌握和準備有關對方的情報資料，以此來預測對方透過談判所要實現的目標。總而言之，在談判前，要收集和研究所談問題的有關資料，熟悉有關情況和背景，不忽視任何細節和任何技術性問題，只有詳盡地了解自己和對方的優劣、意圖，才能確定自己的目標，準備好進一步對策。

■ 短期準備

短期準備就是在長期準備的基礎上，在談判前較短的時間內，加深知己知彼度，並理清自己的思路，擬定談判計畫。

不露聲色地調查研究。此時的調查不同於長期的談判準備，它已有了明確的對象、明確的目的，因而可以有針對性進行調查研究。然而，此時對方已進入了戒備狀態，調查、收集資料已很難。所以，應把準備的重心放在研究分析上。

思路清晰地擬定談判計畫。正式或重大的談判都必須在調查研究的基礎上先擬定一個談判計畫，才能使自己在正式談判過程中有條不紊。

做好必要的物質準備。物質準備包括兩項，一項是談判人員的食宿安排，另一項是談判本身所需的物品，例如桌、椅、紙筆等。

較好的物質準備，可以向對方展示出你的誠意，並可幫助樹立起你的談判形象，形成一種友好、和諧、寬鬆的談判氣氛。同時，不致於發生由於必需物質沒有準備好而出現的慌亂情況，從而影響談判情緒。

模擬談判。即在正式談判以前談判人員的「預演」，有利於及時發現漏洞，以免授人把柄。這如同打仗前的練兵一樣重要。沒有模擬，就難以對付談判高手，「舌戰群儒」時就不踏實。

（二）策略決策

在談判前的準備階段，策略決策是至關重要的一環。它是在長期準備與短期準備的基礎上產生的。但是，策略決策並不是一成不變的。在一場談判中，要隨著談判形勢的變化而不斷加以更改、修整，使其日趨完善，直至談判成功。

策略決策一般可以從以下幾個方面著手。

■ 談判對象的決策

談判對象的決策包括選擇多少談判對象、選擇怎樣的談判對象。以商業談判而言，在作此決策之前，首先要考慮一下，是長期貿易，還是「一錘定音」的買賣。如果是長期貿易，就應該選擇一家，並以幾家為「後補」；如果是「一錘定音」的買賣，則可以進行一下「多角戀愛」。其次要考慮能做此交易的企業有幾家，分析一下這幾家企業的產品品質、市場行情、生產能力以及各種售後服務，對這幾家企業的地位作出評估，並與自己的目標作比較，從而決定與哪一家或哪幾家談判。

■ 談判目標的確定

選擇了談判對象後，就應該決定此次談判的目標了。談判目標有最高目標和最低目標之分，正如一場貿易談判的賣方希望獲得的最高價和能退讓的最低價一樣。有些談判的目標應該制定得很具體，使談判人員在談判場有明確的目的。而有些談判的目標則可以留有迴旋餘地，使談判人員在談判場上有一定的靈活性。目標究竟如何制定，可視具體參加談判的人員、談判的內容以及性質而定。

另外，目標的決定還應該考慮此次談判在時間上的要求和對自己的重要程度。如果這次談判的成功與否直接影響到企業的存亡，那麼則應該將目標定得低一些，使談判盡可能地能夠成功。

■ 談判策略的決定

在有了大量的書面資料和資訊以後，應該制定出整個談判的策略來，也就是開局採用何種方式，磋商採用何種方式等等。談判的策略有多種多樣，任何一場談判不可能只採用一種或兩種策略，而應是多種策略交替使用，多次使用，以應付風雲突變的談判局勢，以求達到談判的最高目標。所以，在決定談判策略時，還需要考慮談判時可能出現的特殊性問題，做到有備無患。在決定談判策略時只能先定一個大概，還應隨著談判局勢的變化而變化談判策略。

自由選擇，先確定主體

「貨比三家」揭示了商務談判不同於政治談判、軍事談判等其他類型談判的一個重要特徵 —— 主體的可選擇性。

商務談判的這個特性是由商務活動的基本原則 —— 自由選擇原則所決定的。這一原則認為每一個商務活動的主體都是其利益的最佳判斷者，他們有權利根據自身的意願，綜合考慮各方面的情況，在不違法違規的前提下自由選擇交易的對象。

而且，隨著經濟的發展，有能力、有資格參與商務談判的商務活動者也越來越多，這在客觀上使得對商務談判主體的選擇成為可能。比如，在涉及商品買賣的商務談判中，賣方可以選擇買方，廣招天下客，選擇識貨者；買方也可以選擇賣方，貨比三家，選擇價廉物美者。

商務談判主體的可選擇性，使決定談判對手成為一個非常重要的問題，也使得商務活動者在未進入正式談判前就已為取得談判資格展開激烈的競爭。這一方面有利於商務活動者更好地選擇合作者，從而增加獲取更大經濟利益的機會；同時，也可以在各方為取得參與談判資格而進行的激烈競爭中，了解談判對手或者競爭對手的實力，這有助於更好地確定競爭策略和談判策略，使未來的談判效率更高。這在客觀上將有利於整體社會經濟的進步與發展。

舉一個最簡單的例子，當我們在市場上挑選商品時，很少一見即買，往往會有一個比較、挑選的過程。這個過程，從某種程度上講就是選擇交易對手（談判對手）的過程。還有一個例子，某服裝廠急需一大批優質的服裝布料，許多紡織廠的業務員紛紛上門聯絡。廠家派出了許多採購人員和他們分別談判，詳細了解各廠產品的情況，但是最後跟誰也沒簽約。各廠的資料彙總到廠長辦公室後，各科室的人員對各廠的產品進行了綜合比較，最後選擇了外地的一家紡織廠作為談判對手。結果服裝廠以最低的價格買到了品質最好的服裝布料。這是一個典型的貨比三家的例子。

「貨比三家」往往能給談判主體帶來很大的經濟利益。因此，只要條件允許，幾乎每一個談判者都要精心選擇談判的對手。

收集資訊，備齊資料

要收集的資訊相當廣泛，主要包括：各個備選談判主體的經濟實力、經營性質、行銷管道、產品品質以及信譽等情況。各個備選談判主體的整體特徵、談判意圖、參與談判者能力、素養等等方面的情況。還有本方競爭者的情況。相關的環境因素。與談判相關的環境因素相當多，其內容涉及政治法律、社會文化、經濟建設、自然資源、基礎設施以及地理氣候等，主要包括：政治狀況、法律制度、財政金融情況、基礎設施情況、商業習慣、社會文化。上述各種因素都直接、間接地影響著談判工作，對所談專案的工作步驟、設計方案乃至工程的造價等均有一定的影響。因此，就需要談判者在選擇談判對手，尤其是在進行國際商務活動中選擇談判對手時，必須對上述因素予以謹慎的考察，對這些因素、對談判所可能造成的影響要有一定的預見，在此基礎上去決定最終的談判對手。

收集資訊的基本途徑有兩條：一是從公開的刊物、專業性雜誌以及企業公布的公開資料獲得；一是從本企業的銷售人員、經理人員或市場調查研究人員的直接了解和專門調查中獲得。

資訊來源有本國和國外兩種。

- 本國的重要資訊源以及本國公開性質的資訊載體、新聞媒介，如各類文獻、圖書、刊物和報紙、廣播、電視等；上級的指示、要求，下級的匯報、反饋；人際交流與公共關係活動；各類經濟貿易諮詢機構。
- 國外的重要資訊源：本國駐當地的外交代表機構、特使等；國家銀行在當地的分行；本企業或本行業集團在當地開設的營業機構；本國其他公司在當地的辦事處；本企業的代理商；當地的報刊、雜誌等。

在國際貿易談判中，為了獲得有關的詳盡情況和資料，可從本企業派出稱職人員到該國訪問、考察。

善加分析，有備而談

首先，對備選談判主體的特色與行銷活動進行分析、比較，判斷優劣。可以從以下幾個角度入手：

- **備選談判主體的團隊特徵**：公司類型。各備選主體是私人企業還是股份企業，如果是股份企業其股票能否上市，股東會及董事會成員情況如何？僱員情況。各備選主體的員工結構如何？技術工人和資深工人的所占比率是多大？僱員的素養如何？人員的流動性如何？財政規模。各備選主體的總資本是多少？固定資產和流動資產各為多少？其獲得資本或資金的能力如何？生產線。各備選主體有幾條生產線？其深度如何？企業與生產線之間的一致性如何？競爭對手。各備選主體的主要競爭者還有哪些？與其競爭對手相比，備選主體的長處和短處是什麼？資金情況。即備選主體的資金周轉是否良好？產品是否囤積？價格政策。各備選主體定價目標是成本還是市場？採用高價政策或低價政策？其價格調整狀況如何？備選主體當前面臨的問題。這些問題是財務問題還是行銷問題？是產品開發問題還是推銷問題？等等。
- **購買時的特點**：如調查程序、決策過程、產品分析、賣方分析、所牽涉到的人員、時機問題等。
- **銷售時的特點**：如銷售策略、市場策略、定價方法、折扣方案、可商談的條款、關鍵人物以及銷售壓力等。

透過對上述情況的比較、分析，可以對各備選談判主體的優劣、長短處有一個大致上的了解，從而使在最終決定談判主體時有比較可靠的客觀依據。

其次，全面分析競爭者的情況，透過「知彼」來爭得競爭中的先機。

全面的了解競爭對手是比較困難的，無論是賣方或者買方都不可能完全知道自己的競爭者到底有多少以及他們各自的報價。因此，對於參與競爭者來說，最重要的是要了解他最鄰近對手的情況，同時要了解市場上主導力量的情況。從賣方的角度來講，他至少應知道一個銷售價格高於自己，而品質總是比自己差的競爭對手的詳細情況，而買主則應掌握有關選擇供貨的類似情報。有關競爭對手的資訊主要包括：

- 競爭對手的競爭實力，包括資金、企業規模、設備、技術力量、產品開發能力、服務水準、市場占有率、產品品質、信譽等。
- 競爭對手的競爭策略。
- 潛在的競爭對手的情況及其可能採取的策略。

可以在掌握資訊的基礎上，從以下幾方面分析雙方的實力與弱點：產品性能；服務品質；價格折扣；推銷力量；市場行銷；信用狀況。

剩下的工作就是如何調整競爭策略，揚長避短，避實就虛，在關鍵時刻給對手「致命一擊」，然後昂首闊步地走向正式談判席。

最後，談談選擇談判主體時必須高度重視的一個問題 —— 主體資格。

談判的主體資格，就是能夠進行談判、享有談判的權利和履行談判義務的能力。談判的主體資格包括談判的關係主體資格與行為主體資格。談判的關係主體資格是指以能夠以自己的名義參與談判並承擔談判後果的能力；談判的行為主體資格是指有權直接參與談判，並透過自己的行為完成談判任務的能力。

具有合格的談判主體，是談判得以成立的前提。如果談判的關係主體不合格，便無法承擔談判的後果；如果未經授權或超越代理權而談判的行為主體不合格，談判的關係主體也不能承擔談判的後果。這將會直接導致談判無法進行，或者使已經完成的談判淪為無效，造成無法彌補的損失。因此，在談判之前一定要首先審查所選擇的談判對象的主體資格和履約能力。

在商務談判實踐中，談判主體不合格的情況大致有以下幾種：

- 不具有某些談判所必需的法人資格；
- 沒有談判所必須的行為能力（包括沒有經濟能力、經營範圍不符、精神障礙等等）；
- 沒有代理權或超越代理權。

談判能否選對夥伴，是決定談判能否取得成功的關鍵。尤其是隨著經濟發展和對外開放的不斷深入，國際商務活動日益增多，嚴格把關資格的審查，就顯得越發重要。若想選對夥伴，並確定該不該談的問題，首先就要了解對方的主體資格如何，包括對方的關係主體與行為主體兩個方面的內容。

為了避免談判因主體不合格而失敗，談判之前應該透過多種途徑，審查對方的主體資格。一是要求對方提供談判所必須具備的證件和資料。這些證件或資料大致上有：自然人身分方面的證件；法人資格方面的證件；資信方面的證件；代理權方面的證件。二是在一些合資企業、設備技術等專案的引進談判中，則需要對方提供涉及其履約能力方面的各種設備、設施、技術等證明。在一些涉外商務談判中，還可透過下述途徑考查談判對象的主體資格：

- 委託國內的國際信託投資公司了解；
- 委託國內的銀行信託諮詢處了解；
- 委託駐外外交代表機構或由他們委託當地律師了解；
- 向國內洽談過同樣專案的機構了解；

第 2 章
巧妙進入主題，營造氣氛

寒暄得體：給談判對手一個好感覺

寒暄又叫打招呼，是人與人建立語言交流的方法之一。它能讓不相識的人相互認識，使不熟悉的人相互熟悉，使單調的氣氛活躍起來。為雙方進一步攀談架設起橋梁，溝通情感。

談判前的寒暄，有時能達成意想不到的作用。談判雙方見面後的短暫接觸，對談判氣氛的形成具有關鍵性的作用。雖然隨著雙方接觸的頻繁和談判的不斷深入主題，談判的氣氛會產生一定的變化，但它主要還是取決於雙方剛一見面時的目光接觸、走路姿勢、手勢、隨便的問話及說話的語調等。

這是因為在這一階段，雙方都急於想透過直接的接觸來了解對手的情況，往往注意力高度集中，思考活動明顯加快，比平常更積極主動地接受外部資訊，觀察也較平時更細緻入微。在這種狀態下，對方人員進場入座時的動作、目光、姿態、表情、談話的內容，談吐的語氣、腔調等，往往一覽無遺，盡收眼底。上述資訊經過加工整理，形成一定的印象，並透過一定的形式表現出來，談判的氣氛就形成了。

了解了談判氣氛的形成過程，在談判的序曲奏響後，我們就應將第一項重點放在營造一個和諧的、坦誠的、熱烈的、嚴謹的談判氣氛上。

談判氣氛是在談判者相互接觸的過程中形成的，每一個談判者都應積極地營造良好的談判氣氛。為了創造出一個合作的良好的談判氣氛，談判人員應做到：

- **寒暄恰到好處**：在進入談判正題之前，一般都有一個過渡階段，在這階段雙方一般要互問候或談幾句與正題無關的問題。如來會談前各自的經歷、體育比賽、個人問題以及以往的共同經歷和取得的成功等等，讓雙方找到共同語言，為心理溝通做好準備。切記不要談及令人沮喪的話題。

- **動作自然得體**：動作和手勢也是影響談判氣氛的重要因素。最值得注意的是，由於各國、各民族文化、習俗的不同，對各種動作的反應也不盡相同。比如，初次見面時的握手就頗有講究，有的外賓認為這是一種友好的表示，給人親近感；而有的外賓則會覺得對方是在故弄玄虛，有意諂媚，就會產生一種厭惡感。因此，談判者應事先了解對方的背景、性格特點，區別不同的情況，採用不同的身體語言。
- **破題引人入勝**：如果說開局是談判氣氛形成的關鍵階段，那麼破題則是關鍵中的關鍵，就好比圍棋中的「天王山」，既是對方的重點也是我們的重點。因為雙方都要透過破題來表明自己的觀點、立場，也都要透過破題來了解對方。由於談判即將開始，難免會心情緊張，因此出現張口結舌、言不由衷或盲目迎合對方的現象，這對下面的正式談判將會產生不良的影響。為了防止這種現象的發生，應該事先做好充分準備，做到有備而來。比如，可以把預計談判時間的5%作為「入題」階段，若談判準備進行1小時，就用3分鐘時間開局；如果談判要持續幾天，最好在談生意前的某個晚上，找機會請對方一起吃頓飯。
- **講究表情語言**：表情語言是無聲的資訊，是內心情感的表達，包括形象、表情、眼神，等等。談判人員是信心十足還是滿腹狐疑，是輕鬆愉快還是緊張呆滯，都可以透過表情流露出來；是誠實還是狡猾，是活潑還是凝重也都可以透過眼神表示。談判人員應時刻注意自己的表情，透過表情和眼神表現出自信以及友好、合作的願望。
- **察言觀色**：開局階段的任務不僅僅是營造良好的氣氛，還要敏銳地捕捉各種資訊，如對方的性格、態度、意向、風格、經驗等，將有助於以後的談判工作。

以幽默詼諧營造談判氣氛

幾乎在對每一次重要會談的報導中，新聞記者們往往喜歡用這麼一句話：「會談在誠摯友好的氣氛中進行，賓主雙方對各自關心的問題交換了意見。」

這句極平常的套話，道出了談判中氣氛的重要性。談判雙方為了達到各自的目的，都希望談判能取得圓滿成功，這是十分自然的事。

當有關談判的準備工作完成後，雙方人員或神態安詳，或氣勢奪人地在談判桌前就座時，常常當他們一跨進門時，談判氣氛就基本上形成了。

談判氣氛有的冷淡緊張，有的平靜嚴肅，有的熱烈友好，有的誠摯認真，有的拖拖拉拉……

一旦形成某種氣氛，那麼這一次談判基本上就是這種氣氛，不太容易扭轉。

友好、輕鬆、誠摯、認真的合作氣氛，對於談判雙方來說，都具有重要的意義。所以，必須為建立良好的合作氣氛下些功夫。因為，這是有利於談判的。

很多富有經驗的談判專家認為：當談判雙方人員寒暄就座時那一段時間，最為重要。在沉默的片刻，會很難再用聊天來融洽氣氛。這時，雙方都需要調整一下情緒，放鬆一下精神狀態。

用什麼樣的形式來打破沉默，把寒暄時的融洽氣氛帶入正式談判，對此，沒有固定的模式。不同的人有不同的辦法。所謂八仙過海，各顯其能。只要有利於形成友好、活躍、熱烈的談判氣氛，各種辦法都是可行的。

按照慣例，總是先由東道主向客人致歡迎詞，然後讓客方先就座，以示對客人的尊重。

這種時候，主客雙方除了態度友好、誠摯之外，最好能用語言表現出一點幽默感，這對於形成友好融洽的談判氣氛，是很有作用的。

適度的幽默對建立良好的談判氣氛有幾個好處：

讓人們精神放鬆

談判即將開始時，雙方人員總會有些緊張和不自在，尤其第一次談判更是這樣。

湯瑪斯．曼說：「當內心產生某種強烈欲望時，人很快就會擺出備戰狀態。」

處於這種備戰狀態的人們，因為戒備而顯得緊張。這時，幽默可以使大家放鬆，可以平添情趣，打破緊張局面，創造和諧的氣氛。

可以進一步密切雙方關係

一旦大家從那種相互戒備的心理狀態下解放出來，大家的注意力便不再集中於勝敗之念，而會轉移到解決問題方面來。這樣，良好的合作才可能進行下去。

英國首相邱吉爾在創造談判氣氛方面表現出的幽默天賦，堪稱世界一流。

1943 年底，戴高樂將軍由於得到美國和英國在武器裝備上的支持，軍隊從 10 萬人擴大到 40 萬人，在從非洲到義大利的大戰場上。

但是在對待敘利亞的問題上，邱吉爾和戴高樂發生了分歧。直接導因是法蘭西民族解放委員會宣布逮捕了非洲總督，而此人是邱吉爾頗為看重的人物。

要解決這一件令雙方都感到棘手的難題只有依靠談判了。

邱吉爾的法語講得令人不敢恭維，戴高樂的英語卻講得很漂亮。這一點，當時戴高樂的隨員們以及邱吉爾的大使達夫・庫珀早有所知。

這一天，邱吉爾是這樣開場的。

他先用法語說道：「女士們先去逛市場。戴高樂以及其他的先生跟我去花園聊天。」然後，他又用足以讓人聽清楚的聲音對達夫・庫珀說了幾句英語：「我用法語講得不錯吧？既然戴高樂將軍的英語說得那麼好，他一定完全可以理解我的法語的。」

話音未落，戴高樂和眾人都哈哈大笑。這時，連平時十分敏銳的戴高樂也完全失去戒備，以友好、理解的態度聽取邱吉爾以結結巴巴的法語所發表的評論。

邱吉爾這番幽默的開場白使氣氛變得輕鬆多了。

他首先以誰也想不到的法語致詞，造成一種出人意料的情緒轉換的效果。戴高樂和他的隨員們入座時都在想著邱吉爾要怎麼提問那件他們共同關心的事，沒想到他卻說起自己與戴高樂的語言表達問題。其次，他對自己蹩腳的法語的自嘲，能讓戴高樂和他的隨員們感受到一種親切，一種平易近人的謙恭。

無傷大雅的幽默在談判開始時所發揮的作用，是許多談判專家都重視的。

幽默是談判氣氛的潤滑劑

談判氣氛形成後，並不是一成不變的。本來輕鬆、和諧的氣氛可能因雙方在實質性問題上的爭執而突然變得緊張，甚至劍拔弩張，一步就跨到談判破裂的邊緣。這時雙方面臨的最急迫問題並不是繼續爭個「魚死網破」，而是應盡快使談判氣氛緩和下來。在這種情況下，詼諧幽默無疑是最好的武器。

卡普爾任美國電話與電報公司負責人初期，在一次董事會議上，眾人對他的領導方式提出了許多責問和批評，會議充滿了緊張的氣氛，人們似乎都已無法控制自己的情緒。有一位女董事質問道：「公司在過去的一年中，用於福利方面的費用有多少？」「100 萬美元。」「噢，我真要昏倒了！」聽到如此尖酸刻薄的話，卡普爾輕鬆地回答了一句：「我看那樣倒好。」會場上意外地爆發出一陣難得的笑聲，那位女董事也笑了。緊張的氣氛隨之緩和下來。卡普爾用恰當的口吻把近似對立的諷刺轉化為幽默的力量，與大家一起度過了緊張的時刻，緩解了眾人激動的情緒，心平氣和地努力解決問題。

上述例子讓我們看到了幽默對緊張氣氛的緩和作用。幽默的語言有三個最基本的特點：第一，它能使人發笑，這是表達方式上的特點；第二，它有深刻的寓意，這是表達內容上的特點；第三，它是友好善意的，這是表達目的上的特點。幽默反映了人對生活積極樂觀的態度，反映了人的同情心和愛意，也反映了人的高尚的審美情趣，更反映了人的知識和修養的富有。在現代商務談判中，它發揮著越來越重要的作用，被作為氣氛的潤滑劑和特定情況下一招致勝的「殺手鐧」。

幽默詼諧的語言有助於創造良好的談判氣氛

在一次重要談判中，雙方以前從未有過任何接觸，所以氣氛略顯沉悶。這時甲方的代表開口了：「某經理，聽說你是屬虎的，你的公司在你的領導下真是虎虎生風呀！」「謝謝，借你吉言，唉，可惜我一回家，就虎威難再了！」「為什麼呀？」「我和我的夫人屬相相剋啊，我被降住了！」「那麼你妻子……」「她屬武松！」這番幽默雖有刻意營造之痕跡，但並不妨礙它在緩和氣氛中的作用。雙方你來我往，不經意的幾句幽默話語，就讓原來的沉悶一掃而光，彼此間很容易就建立起一種親近隨和的關係。

在初次談判中，雙方都要寒暄一番以營造良好的談判氣氛。如果能像上面例子中的談判者那樣恰當地運用一些幽默語言，就可以將雙方本來陌生的關係塗上一些「潤滑劑」，變得更加融洽、輕鬆。

運用幽默語言批評對方，可以避免激化談判氣氛

運用幽默的語言可以把說話者的本意隱含起來，話中有話，意在言外。

某青年拿著樂曲手稿去見名作曲家羅西尼，並當場演奏。羅西尼邊聽邊脫帽。青年問：「是不是屋內太熱了？」羅西尼說：「不，我有一個見到熟人就脫帽的習慣，在你的曲子裡，我碰到的熟人太多了，不得不頻頻脫帽啊！」青年的臉紅了，因為羅西尼用幽默的方式委婉道地出了他抄襲別人作品的事實。

運用這種表達方式，既可以用委婉含蓄的話烘托暗示，巧用邏輯概念，批評與反駁談判對手；又可以保證雙方的關係不至於因批評與反駁而馬上變得緊張。

一家商場與供貨商就產品的品質問題展開了激烈的談判。供貨商拒絕承認其產品存在著品質問題，拒絕承擔應該對用戶所負的賠償責任，反而還厚著臉皮大肆吹噓其產品所具備的優良性能。商場的主管經理沒有正面予以駁斥，而是笑著對供貨商說：「什麼時候開發的新產品啊？」「新產品，什麼新產品？說的不就是一直賣給你們的產品嗎？」「不會吧，你一

定是記錯了，」邊說著，經理揚了揚手中品檢部門的檢驗報告。「你們賣的產品不但品質有問題，而且也不具備你所說的性能，怎麼會是你剛剛介紹的產品呢？老兄，別開玩笑了。」說完，哈哈大笑。供貨商無言以對，只能尷尬地陪笑。

如果部門經理憑藉著手中的檢驗結果，直接斥責供貨商，供貨商固然仍是理屈詞窮，但他可能會胡攪蠻纏，找出各種理由，使本來簡單的問題無法順利地解決。經理聰明地「幽」了供貨商一「默」，讓他在無話可說的同時感到慚愧，同時也感激經理的嘴下留情，得理饒人。於是供貨商積極地配合商場，把問題順利地解決了。

幽默是避免尷尬氣氛的「靈丹妙藥」

在談判桌上有時由於言語不合，或者話題轉入令一方或雙方難以應付的事情，氣氛就會突然變得尷尬、沉悶。這時適當運用幽默語言，對於避免和消除尷尬很有效果。

比如在商店、酒店等服務性行業經常會發生一些令人尷尬、難以應付的事情，使顧客和店家的關係一下子就緊張起來。

一次，一位女士怒氣衝衝地闖進一家商店，向店員質問道：

「為什麼每次我兒子在你這裡秤的果醬都少了一點？」

店員並沒有慌亂，仔細想了想，猜中了其中的原因。於是禮貌地回答：「太太，您為什麼不秤秤您那個可愛的小公子，看他是否長重了？」

這位母親一愣，繼而恍然大悟，怒氣全消，心平氣和地對店員說：「噢，對不起，誤會了。」

商店可能要經常面對這樣找上門來討個「說法」的顧客，如果店員也和顧客一樣不冷靜地大吵大嚷、針鋒相對，可能氣氛就會越來越尷尬，問題也越來越大，一點小事就要鬧到消費者保護協會，甚至走上法庭。長此以往，商店的正常經營和信譽都會受到影響。

在這裡，聰明的店員為我們提供一個很好的解決辦法。店員確定自己不會秤錯，便只剩下了一種可能，即饞嘴的小孩把果醬偷吃了。如果她感到「道理在手」，就得理不讓人，反唇相譏「我不會搞錯的，肯定是你兒子偷吃了」，或者「你不找自己兒子的麻煩，倒問我秤錯了沒有，真是不可理喻。」這不但不會平息顧客的怒氣，反而會引發一場更大的爭論。因此，服務員用幽默委婉的語氣指出那位女士所忽視的問題，這既維護了商店的信譽，又顧全了顧客的面子，不但避免了一場爭吵，很可能又為商店贏得一個「回頭客」。

當然，並不是每個問題都這麼簡單，都在輕鬆幽默中即可迎刃而解，但恰當地運用幽默，至少可以消除尷尬，使雙方在比較緩和的氣氛中解決問題。

談判的目的是為了實現合作，並透過合作來滿足自己的需求，因此在談判過程中沒有必要抓住一些枝微末節的小問題不放，而應著眼於全局，大度而又富有策略。當談判出現尷尬、緊張的氣氛時，雙方都應積極採取措施化解。在眾多的方法中 —— 善於幽默無疑是最佳選擇。

運用幽默語言的技巧

幽默在營造良好的談判氣氛方面的重要作用，已被越來越多的談判者所認識和接受，並在談判中巧妙地使用，收到了良好的效果。但正如真理向前再邁一步就變成謬誤一樣，在談判過程中不適當地運用幽默手段的話，往往會適得其反，造成負面影響。

幽默是一種高級的語言藝術，它與行為人各方面的素養是密切相關的。尤其在語言的運用上，幽默是思想、學識、智慧、靈感、教養、道德等在高水準上的結晶，它既看到了事物的可笑之處又能巧妙地表達出來。

幽默和滑稽是完全不同的。滑稽的語言和行為往往只能讓人「覺得好笑」而沒有什麼內在的涵義，它是直白的、廉價的，根本不值得人去回味。雖然滑稽的語言和行為往往並不帶有惡意，而且生活中也需要（它有暫時調節心理的作用）；但有的滑稽言行會招人反感，如有些男人在公眾場合為博得眾人一笑而故意裝女人腔調，有些女人為了在男人面前顯得嫵媚而故意「嗲聲嗲氣」，都屬於滑稽表演的範疇，有時甚至做作得讓人反感。

幽默也不同於諷刺，諷刺的語言雖然能表達一定的意義，但它是以尖銳的嘲笑和譴責的形式直接表現出來的，容易激起別人的反抗心理，不利於良好氣氛的營造和問題的順利解決。

同時，在人的語言模式中，幽默、滑稽與諷刺往往水乳交融。一個人的素養越低，他語言、行為中的滑稽成分就越多，他的素養越高，言語、行為中所表現出來的幽默就越強。一個人與別人的關係越融洽，他的語言中的諷刺意味就少，反之就越多。

因此，在運用幽默的表達方式營造談判氣氛時，應格外注意，莫越雷池一步，使高雅的幽默淪為低俗的滑稽和尖酸的諷刺。

首先，要注意時機和場合，最好能根據雙方談判的內容營造某種情境，形成幽默。而不要在一些比較嚴肅但並非尷尬、沉悶的時候插入一些自己編造的生硬笑話。這樣不但不能達到活躍氣氛的目的，而且還會使你顯得很滑稽。比較下面兩個例子，我們就不難明白這一點的重要性。

第一則例子：一位鞋商向某商場推銷一批高價位的旅遊鞋。在談判過程中，鞋商極力吹噓鞋的品質：「經理，你就接受吧，鞋的品質絕對沒有問題，它的壽命將和您的壽命一樣長。」經理翻了翻樣品，微笑著說：「我昨天剛檢查過身體，一點毛病都沒有，我可不信我很快就會死。」

在這個談判中，經理巧妙地利用鞋商過分誇大鞋的品質的時機，用幽默的話語道出了其對鞋的品質的看法，既體現出自己較高的素養，又使得鞋商無法辯解，只能知難而退。經理巧言化解糾纏，幽默得恰到好處。

另一例子：在一次大型談判的過程中，雙方都在仔細地準備各種資料，準備進行新一輪的「激戰」，氣氛緊張嚴肅，透著幾分大戰將臨的味道。當雙方首席代表正要發言時，一方的助手突然說話了：「大家都愛看足球吧？有這麼一個笑話：韓國球迷去問佛祖『韓國什麼時候能得世界盃冠軍？』佛祖答道『50 年』。韓國球迷哭著走了。日本球迷去問佛祖『日本什麼時候能得世界盃冠軍？』佛祖答道『100 年。』日本球迷也哭著走了。臺灣球迷也去問佛祖『臺灣什麼時候能得世界盃冠軍？』佛祖無言以對，臺灣球迷大哭著走了。」這個幽默的內涵很深，還透著臺灣球迷的無奈與深深的苦澀，不失為一個有層次的笑話。但助手講得太不是時候了，在不需要緩和氣氛的時候拋出了這樣一顆「笑彈」，帶來的笑聲不是緩和而是擾亂了原來的正式氣氛，干擾了雙方已理清的思路，沒有什麼價值，反而會引起雙方的反感。

因此，必須見「機」幽默。

其次，要注意切勿用一些上文所提到的比較低俗的方式，如扮女聲、嗲聲嗲氣、學方言等來故作幽默。這些方式會使你的表現不但不能令人回味，而且會使人反胃。無形中給對方留下不好的對象，將會給良好談判氣氛的營造添加障礙。

最後，注意千萬不要拿對方的「痛處」開玩笑，這樣的幽默會讓對方覺得你是不友好或者別有用心，產生的效果可能與你的初衷南轅北轍。

此外，若想嫻熟地利用幽默這一高級技巧，還必須注意自身幽默感的培養，這是因為幽默感直接決定了對語言的措詞、時機、停頓、連貫性、音調、語氣等的運用和掌握度。幽默感的培養包括：知識的累積和表達方式的修養。培養對生活的樂觀態度和熱愛之心。培養與提高各種能力，尤其是看待問題的角度與深度。另外，在生活中還要注意對幽默素材的收集。

願你能早日在談判桌前風度瀟灑、談吐幽默，成為談判氣氛的成功營造者。

巧用幽默化解談判中的難題

隨著談判的進行，雙方可能發生分歧，或在一些具體細節上形成僵局，這種時候，幽默的作用也是不可忽略的。

掌握幽默的技巧，並能夠熟練地運用自如，那麼，你就會給對方留下難忘的對象，創造一種輕鬆和諧的氣氛。這樣談判對你而言，就不再是難以應付的難題了。

這時候，你就會明白，能讓人笑，能讓對方高興，已經是一種行之有效的感情戰術了。不知不覺中，談判桌上的籌碼已發生變化，形勢變得對你有利多了。

1939 年 10 月，美國經濟學家薩克斯，終於等來了一次面見總統的機會。在這之前，他受愛因斯坦等科學家的委託，要設法說服羅斯福總統重視原子能的研究，以便搶在納粹德國之前造出原子彈。

這一天，薩克斯先把愛因斯坦的長信面交給總統，然後，朗讀了科學家們關於核分裂的備忘錄，竭力想說服羅斯福總統。

但羅斯福對那些論證嚴密、艱澀的論述，反應十分冷淡。儘管薩克斯費了九牛二虎之力，還是只得到總統這樣的結論：「這些都很有趣，不過政府在現階段干預此事，看來還為時過早。」

德國在 1939 年春夏之交，連續多次召開原子科學家會議，研究製造「鈾設備」的問題。如果數百萬德國鋼鐵軍團，再裝備上在當時絕無僅有的核武器，歐洲戰局將難以想像。問題的嚴重性，使薩克斯下決心，一定要設法說服總統。

第二天早上，羅斯福總統因昨天對薩克斯提案的斷然拒絕感到有些歉意，便邀請薩克斯共進早餐。

沒等薩克斯開口，羅斯福以攻為守：

「你又有什麼絕妙的想法？今天不許再說愛因斯坦的信，一句話也不許，明白嗎？」

薩克斯說：

「我今天想講點歷史，不談核武器。英法戰爭期間，在歐洲大陸上不可一世的拿破崙，在海上卻屢戰屢敗。這時，一位年輕的美國發明家富爾頓建議，把法國戰艦的桅杆砍掉，撤去風帆，裝上蒸汽機，把船上的木板換成鋼板。可是，拿破崙卻覺得，船沒有帆就不能航行，木板換成鋼板，船就會沉沒。於是，他轟走了富爾頓。歷史學家在評述這段歷史時認為，如果當時拿破崙採納了富爾頓的建議，19 世紀的歷史就得重寫。」薩克斯說完，目光深沉地注視著總統。羅斯福沉思了幾分鐘，說道：「你勝利了！」薩克斯的談判成功，就在於運用了幽默技巧。談判中經常會發生矛盾，出現僵局，此刻，使用幽默語言會產生神奇的效果。在擁擠喧鬧的百貨公司裡，一位女士氣憤地對售貨員說：「幸好我沒有打算在你們這裡找『禮貌』，在這裡根本找不到！」售貨員沉默了一會兒說：「您可不可以讓我看看你的樣品？」那位女士愣了一下後笑了。售貨員的幽默，打破了與顧客間的僵局。因為欠帳而資金周轉不靈的商店，設法使顧客用現金交易、不賒帳，是非常重要的技巧。假如直言不諱地對顧客說：「謝絕欠帳」，難免會引起不滿，甚至失去老主顧。但答應了，卻又為難。一家店主對要求賒帳的顧客這樣說：「本店很想讓你欠帳，但怕你欠了帳，就不敢再來交易了。」

人們為了解決求學、工作、住房、購物等等問題，往往要與人交涉談判。學會在談判中適時地表現些幽默，你的談判本領一定會大大增強。

國際政壇三巨頭德黑蘭調侃

1943 年，第二次世界大戰已進入關鍵性的轉折時期，蘇聯首腦史達林、美國總統羅斯福和英國首相邱吉爾，人稱三巨頭，在德黑蘭展開會議。由於意識形態的差異，史達林對西方首腦高度戒備，整天面孔嚴肅，神情冷淡，而且沉默寡言，這十分不利於談判的進行。羅斯福想盡一切辦法來打破史達林的緘默。三天過去了，毫無成果。到了第四天，羅斯福決定採取一種新戰術。他先在暗中對邱吉爾說：「溫斯頓，過一會兒我將要做一些事情，可能與你有關而冒犯你，我希望你別惱火。」

羅斯福先和史達林個別談話，談得比較投機時，其他俄國人也圍上來旁聽，這時史達林臉上仍然沒有笑意。羅斯福就用手遮著口，低聲說道：「溫斯頓今天早上有點奇怪，他從床的一頭轉到另一頭，不知道在做什麼。」此時，史達林的眼神微露笑意。隨後，他們坐在會議桌前時，羅斯福又「進攻」邱吉爾，用一連串無聊的話取笑他，說他的英國紳士風度、他的大雪茄、他的古怪動作，又講了英國人的種種笑料。史達林開始有所動搖，但邱吉爾卻滿臉漲紅，瞋目怒視。而他越氣惱，史達林就越發感到可笑。最後，史達林終於忍不住哈哈大笑起來。此後，史達林經常經常向羅斯福露出笑容，還常常主動和他握手。很快的，會談有了實質性的進展。

既然是談判，難免遇到各種複雜的局面、難纏的對手和棘手的問題。三大巨頭都是各自國家中談判人才的佼佼者。羅斯福為了打破史達林製造的僵局，運用了「激將法」和「苦肉計」，實施「暗度陳倉」的戰術。他故意在史達林面前挖苦邱吉爾，嘲弄邱吉爾，借邱吉爾被「激將」後怒火中燒而出現的異常之態，來誘發史達林的笑意。不知底細的史達林因忍俊不禁，放聲大笑而鬆弛了緊張的神經。顯然，羅斯福製造的笑聲使德黑蘭會議開始披上一層和諧、幽默、坦然的輕紗，為締結三頭同盟共同需求的談判成果創造了條件。羅斯福不愧為談判高手。

迂迴巧妙地進入談判話題

談判開始之時，雖然雙方人員外表彬彬有禮，但往往內心忐忑不安。尤其是談判新手，更是如此。

這種時候，採取迂迴入題的辦法，可以消除這種尷尬的狀況，平息自己的情緒，使談判氣氛變得輕鬆、活潑，為談判成功奠定一個良好的基礎。

迂迴入題的做法很多。

從題外話入題

你可以談談關於氣候的話題。如：「今天的天氣真冷。」「今年的氣候很怪，都十一月了，天氣還這麼暖和。」「還是生活在南方好啊，一年到頭，溫度都這麼適宜。」

可以談有關旅遊的話題。如:「阿里山日出真美呀，各位去過沒有？」「各位這次來到花蓮，有沒有去玩玩，印象如何？」

可以談有關娛樂活動的話題。如:「昨晚的舞會，大家盡興了吧？王小姐的舞姿翩翩，真是獨領風騷啊！」「這幾天播出的電視劇引起了熱潮，各位可以看看。」「離我們這個飯店不遠，有一家夜店，聽說很不錯，各位不知去過沒有？」

可以談有關新聞的話題。如:「英國新首相蘇納克馬上就要接任了，新聞媒體說他是第一位出任英國首相的亞裔首相呢！」

可以談有關衣食住行的話題。如:「這裡的飯菜口味，各位吃得慣嗎？」「這幾天天氣很冷，要注意多穿點衣服，要是感冒了可就麻煩了。」

可以談有關旅行的話題。如:「各位昨天的航班整點到達嗎？一路上辛苦了。」「這裡飛機票一向不好買，各位哪天要離開，最好提前幾天買機票。」

可以談有關嗜好、興趣的話題。如:「先生喜歡種花嗎？最喜歡哪一種花？」「釣魚最重要的是要有耐心。」「我也喜歡集郵，但時間不夠，所以蒐集的品種還不夠豐富。」

可以談有關名人的話題，如:「聽說某影星要出任某大片的主角，這真是再恰當不過的人選了，很可能會角逐金馬獎的。」「費德勒告別體壇了，他這麼年輕就退役，實在可惜！」

題外話的內容豐富，可以說是信手拈來，不花力氣。可以根據談判的時間和地點，以及雙方談判人員的具體情況，脫口而出，才顯得親切自然。不必刻意修飾，那樣反而會給人一種不自然的感覺。

從「自謙」入題

如果對方為客，來到己方所在地談判，應該謙虛地表示各方面照顧不周，沒有盡好地主之誼，請諒解等等。

也可以向主人介紹一下自己的經歷，說明自己缺乏談判經驗，希望各位多多指教，希望透過這次建立友誼，等等。

從介紹己方談判人員入題

可以在談判前，簡要地介紹一下己方人員的經歷、學歷、年齡、成果等，由此打開話題，既可以緩解緊張的情緒，又不露鋒芒地展示了己方強大的陣容，使對方不敢輕舉妄動，等於暗中給對方施加了心理壓力。

從介紹己方的基本情況入題

談判開始前，先簡略介紹一下己方的生產、經營、財務等基本情況，提供給對方一些必要的資料，以顯示己方雄厚的實力和良好的信譽，堅定對方跟你合作的信心。

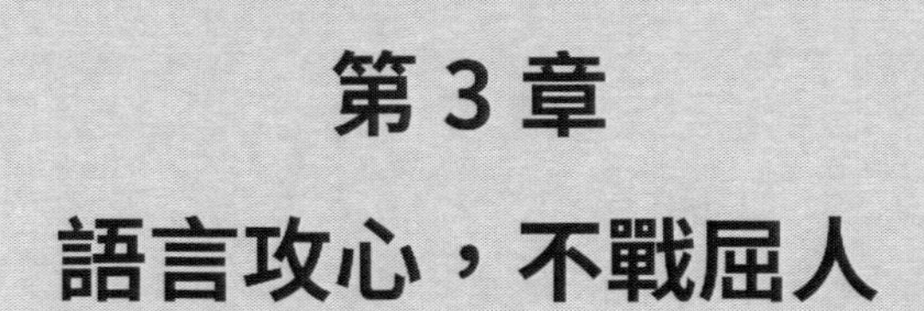

第 3 章

語言攻心，不戰屈人

了解談判對手個體的心理特點

人的心理 —— 大腦的機能，是一種反映客觀世界的機能。感知與記憶、思考與想像、感情與意志、氣質與性格的表現都是人的心理現象。談判的心理，既是談判者個人心理素養的表露，也是談判者在談判過程中對於各種現象、條件的主觀能動的反映。因此，人們常常把談判心理看成是了解談判行為的一個窗口。

談判心理的表現形式

■ 文飾與投射

文飾與投射都是心理行為的表現方式。文飾是指一個人試圖透過似乎合理的途徑來使不可能接受的情境合理化。例如，一個人用對自己最有利的方式去解釋一件事情，他就是在「文飾」。一場談判結束之後，尤其當談判失敗之後，為了自我安慰，掩飾一無所獲的失敗感，談判人員可能會找些自我解釋的理由，為談判結果文飾一番。他可能會說：「我們根本就不想跟他做生意」、「那個人太不專業了」這是失敗後最常見的反應了。有時候，為了使談判結果更加符合自己內心的企求，或為了消除令人不愉快的感受，談判人員用文飾來為自己的決定辯護，去宣泄自己的感情，提高自己的地位。他們常常把在談判中做得不夠合理的事情解釋得合理合情，甚至不惜歪曲事實以做出符合自己需求的行動。又如，「讓他們瞧瞧看」的心理所驅使的行為也是文飾的另一種表現形式。在談判遭受挫折又受到同行的白眼的人，極可能因文飾心理而極力爭取在下一次談判中獲得意外的成功。

投射是指一個人試圖把自己的動機歸因於他人，以掩飾自己衝突的根源。它是人們理解外部事物的最普遍的方式方法之一。投射者由於個性不同，他們常常為外部世界塗上主觀的色彩，且又加以歪曲。有意思的是他們自己不知道，這種塗抹過程是在不知不覺中完成的。比如，為了賺錢而參與商務談判，因此，就把賺錢的動機移植給對方，強加於任何一個參加談判的人。就怕遇到談判對手不是把賺錢看得高於一切的話，而是把自己的商業信譽和尊嚴看得比賺錢更重要。若此時仍然利用人人都想賺錢的心理技巧去談判，顯然就不合適了。又比如，常言道，不要「以小人之心度君子之腹」，但生活中人的行為偏好又往往都在「以小人之心度君子之腹」。

■ 壓抑與轉移

壓抑是指試圖透過把那些和自己有意識的自我表象或動機相衝突的觀念、情感或欲望從意識中排除出去，以解除內心的衝突。如有意識的逃避責任，故意遺忘過去不愉快的情景、場面，這都是壓抑在發揮作用。商務談判人員，應該能夠看出對手是否處在一種壓抑自己的情況下參加談判的。

轉移行為與壓抑有關，它表現為試圖將自身的衝突加於或轉移到別人身上，以掩飾內心壓抑的一種心理機制。這正如日常生活中所說的「找替罪羔羊」加罪於人的方式。當一個人在工作時挨了主管的批評，又遭受了同事的譏諷，他帶著一肚子的不順心回了家。這時，他為了排解心中的憤怒、憂鬱，常常會表現出因一點小事，諸如孩子的不敬，妻子的小失誤而與孩子、妻子大吵大鬧，甚至動手打人，鬧得天翻地覆。人們常常對不相干的人或事物發洩攻擊或怒氣，這就是典型心理學上的轉移作用。身為談判人員，應該注意到談判中出現的莫名其妙，平白無故的情緒變化，語調升溫，陰陽怪氣的臉色，都可能是因為「轉移作用」引起的。

■ 反向行為與理性行為

反向行為的表現是壓抑心中最強烈、甚至是最不為社會所容納的欲望，做出與這種欲望相反的行為或說相反的話。表達出一個人試圖透過某種有意識的、能為他人所接受的反應，以掩飾自身壓抑的一種心理機制。如市場上那個叫喊得最大聲和發誓發得最厲害的人，正是希望把最壞的貨物推銷出去的人。在商務談判中，我們應該善於區別一個人的行為是否是反向行為。

理性行為是指按理性規範而行動的行為方式。如果一個人能考慮到他可以採取的每一項行動方案可能帶來的不同後果，如果他能明辨這些不同後果的輕重優劣；如果他能根據自己的預測選擇有可能導致理想後果的行動方案；那麼我們就會把他看做是一個是有理性的人，也就是說，我們能理解他行動的前提和標準。而若缺乏這種被理解，我們就會說他的行動是非理性的。可是，在實質上這時若說他的行動是非理性的，恰恰是我們自己對他的行動前提和傾向的認識無法理性化。例如，在談判中，在你看來，你的對手有時會「非理性」地「勃然大怒」，但是，在這背後也許正隱藏著他的一種理性策略，他勃然大怒是做給你看的，好讓你相信他真的是在進行威脅。所以，一個人的行為是否是理性的，不僅取決於他採取什麼行動時是否理智，（事實上人們都在遵循著自己的理性規範而行動。）而且在很大程度上還取決於其他人對他的理解。因而，理性行為是相對的，不是一成不變的，它受制於各種複雜且不斷變化著的因素——當事人，他們的背景，其他有關人物的行為，每一個參與者所信奉的行為依據，以及整個格局的結構，等等。

由於不能理解人們的行動前提而把他們的行動稱之為非理性的，這完全是一種人為的障礙。你若去問一群幼稚園裡的孩子誰會畫畫，他們每個人都會說自己會畫，而若去問一個 30 多歲的人，恐怕每個人都會說自己沒有繪畫的才能和技巧，這就是他們自己所設置的障礙，我們每個人一輩子都在設置這種或那種的障礙。我們既要實現對自己有重大價值的目標，卻又作繭自縛，囿於這些莫須有的障礙，甚至至死不悟。如果我們能夠使自己擺脫這種束縛，我們就都能進行創造性的活動。談判需要掌握全局，這就應該盡可能地避免作繭自縛。這樣才能使人思路開闊，運籌有方，應變自如。

人們習慣性認為，邏輯是真理的表達，各種行為要不是合乎邏輯的，不然就是違背邏輯的。這是因為在以往的時代裡，人類的行為似乎沒有那麼複雜，所以相信理性是解決一切問題的工具。正如亞里斯多德認為的，在人類各種能力的結構層次中，理性支配著一切，理性與人的感情互不相容。然而，新的研究表明：人類的行為並不是理性與感情兩種力量的衝突，不是頭腦與心理的對抗，而是兩者的結合。這也許正是在談判中要十分重視調動對方情緒的原因之一。

▇ 自我意象和角色扮演

自我意象是指一個人對於自身的綜合看法。每個人都會從個人經驗、期望和別人對他的評價中總結出自我意象。人們的許多關於自己的決斷都是為了維護或加強這種自我意象。因此，假如我們知道了一個人的全部歷史、思想軌跡，就可以推斷他作某件事的動機和他對未來事件的反應。然而，在一場談判中，他可能不會將他的自我意象完全暴露出來，這樣，我們就需要了解他過去的行為和經歷，以便對他的自我意象有比較清楚的了解。

角色扮演是一個人試圖透過某種有意識的行為來表現自我意象的一種行為方式。這種有意識的行為即扮演角色的行為，它在很大程度上是根據個人過去的生活經驗。例如，當一個人在扮演做父親的角色來懲罰他的孩子時，他的行為方式往往會仿照當年自己的父親，或者恰恰相反。這主要取決於他在孩提時形成的對於懲罰的看法。一般說來，我們對自己要扮演的角色都有很清楚的概念，或者我們清楚自己擁有的角色。而若對此掌握不全，我們就要透過不斷探索，構想出一個使自己滿意的角色來。

了解人類的行為有很多困難。有些心理學家說，當A、B兩人進行商談時，實際上有六個具有不同人格的角色穿插其中。因A有三重人格：一種是A真正的人格；第二種是A自我想像的人格；第三種是A表現出來的人格。B同樣也具有這三重人格；三加三得六。不管這六種人格是否都顯現出來，談判中有這種認識是有益的。每一個人何時扮演何種角色，這要配合當時的情況和目的而定。常常每個人不只扮演一種角色。因此在談判中只要我們能理解角色扮演這種行為方式，我們就比較容易控制多種人格出現的場面。

心理學的研究向我們揭示了人們頭腦中的種種詭譎的情況。由此我們可以認識到，一次商務談判，會有重重困惑是可想而知的，人們進行文飾、投射、轉移和角色扮演，有時他們壓抑某些事情或作出反應，他們遵照自我意象，表現出「理性的」行為。老練的談判家能把坐在談判桌對面的人一眼望穿，料定對方將如何行動及為什麼行動。但是，對人類行為的研究是一門要做一輩子的學問，真正的談判家要堅持不懈地學習。

談判者心理的變化

談判者的心理活動十分豐富。它的產生，既包括談判者的認知、水準、修養等自身素養所決定的心理活動，表露出個性、感情和追求等方面的內容。反映出心理活動產生的主觀因素。又包括談判者在受到外界的人、事的刺激後，所表露出的個性、感情和追求。反映出心理活動產生的客觀因素。談判者心理活動的兩重性質；主觀性與客觀性，是談判者的全部心理活動。由於談判者的心理活動受主觀因素與客觀因素的影響，因此，商務談判過程中的不同條件、不同因素、不同環境都會引起談判者的主觀因素與客觀因素的變化，進而引起談判者的心理變化。尤其是在主觀意識與客觀刺激緊密地聚集在一起時，這種變化就更加強烈，起伏不定。故談判者豐富複雜的態度演變就成為談判中心理變化的可見軌跡。反之，談判中的心理變化也就成為談判者態度的演變標記。

談判心理的可變性，使談判者心理呈現出階段性的特點。或以時間為階段，或以內容分階段，或以人員地點的變化為階段。這就是說，在談判的不同階段，無論是出自主觀原因，還是出自客觀原因，談判者的成功信念，將使他的感情與追求表現出不同的內容與特徵。階段性的特徵要求談判者注意談判心理的變化徵兆，判斷其心理特徵，調整談判對策，及時引導談判進程或保護談判立場。

談判對手群體的心理特點

談判有時是一對一的個體談判，而更多的則是有許多人參加的集體談判。心理學告訴我們，單獨的個體與群體中的個體有著不同的心理特點。因此，我們不僅要研究談判中的個體心理，更要研究談判中的群體心理。

談判群體的特點

心理學認為，群體是一個介於團體與個人之間的，由若干個人組成的，為實現群體目標而相互關聯、相互影響和作用，遵守共同規範的人群結合體。

談判小組作為一個群體具有以下幾個特點：第一，群體成員的數量其下限多於兩人，而其上限雖無確定的界限，但也有一定的限制，一般人數不多，因而多屬於小群體。

第二，該群體屬於正式組織。其建立不是出自成員之間的私人感情或共同的興趣愛好，而是由企業透過正式的文件或命令建立的。因此，群體人員的數量、具體人選都是相對固定的，領導人也是指定的，而非自然形成。

第三，群體有著明確的任務和目標，群體成員之間也有明確的職責分工。第四，群體成員之間，在以工作關聯性為主的同時，也有著直接的個人交流和接觸，存在感情上的交流關係。第五，群體內部有著嚴明的紀律約束。

談判群體的效能

所謂談判群體的效能是指談判群體的工作效率和工作成果。

談判群體效能的高低從其內部來看，主要取決於兩個方面：第一，群體內部每個成員的效能；第二，群體內部的關係狀態。談判小組作為一個群體，它的任務和目標是要透過其每個成員的工作去完成的。因此，每個成員的工作能力、工作效率和工作成果如何，直接影響談判小組的工作效率與工作成果，前者是後者的基礎。

心理學的理論和人們的社會實踐表明，群體並不是個體的簡單集中或相加。因此，把談判小組內的每個成員的效能加起來，並不等於談判小組的效能。這是因為，在談判小組內部，各成員之間在工作上、感情上是互相作用和影響的，這種作用和影響既可能是增力的，也可能是減力的。增力的作用和影響使得成員之間相互密切配合，從而產生了放大效應——

群體的效能大於群體內部個體效能的簡單相加，即通常所說的 1 ＋ 1 ＞ 2；減力的作用和影響正好相反，它使得成員之間互相牽制、摩擦，從而產生了內耗效應 —— 群體的效能小於群體內部個體效能之和，即 1 ＋ 1 ＜ 2。因此，群體的效能還取決於群體內部的關係狀態，主要是成員之間的相互關係之狀態。

影響談判群體效能的因素主要有以下幾個方面：

■ 談判群體成員的素養

談判群體內部成員的個人素養是他的知識、經驗、能力、性格和品質等因素的有機結合，是在長期的社會實踐中形成的。很顯然的，素養高的人，他的潛能也就比較大，在外部環境比較合適的情況下，他所釋放出來的工作能量也就比較大，因而具有較高的效能。

■ 談判群體的結構

談判群體的結構指的是，談判小組成員在知識、能力、專業、年齡、性格，以及觀點和信念等方面的構成與配合。群體的結構對群體的效能有很大的影響。如果結構合理，群體成員搭配得當，那麼就能步調一致、相得益彰；反之，則會使群體內部渙散，難以合作，降低群體的效能。

■ 談判群體的規範與壓力

群體的規範是指群體所確立的每個成員都必須遵守的行為標準。群體的規範既可以是正式規定的，也可以是非正式約定俗成的。

在談判群體中，群體的規範主要是以強化了形式出現的紀律為主。它外在地迫使每個成員的行為必須保持在一定的範圍之內，以求得相互的一致，是談判群體得以有效地運作的保證。正如一個沒有紀律的軍隊不可能有強的戰鬥力一樣，一個沒有嚴格規範的談判群體也是不可能有高的效能的。

群體的規範會導致群體的壓力。當群體中某個成員的意見和行為與眾不同時，他就會感受到這種壓力。群體壓力具有兩面性，一方面對於群體成員的不良行為，它可以促使其改正；另一方面，對於群體成員的有益意見和獨創精神又會造成壓制的副作用。因此，正確地運用群體的壓力就可以提高群體的效能。

■ 談判群體的決策程序

在談判中碰到問題需要做出決策時，怎樣做出決策，即做出決策的方式，也會影響談判群體的效能。

從談判的實踐來看，談判群體內的決策方式主要有兩種，即個人決策與群體決策。所謂個人決策是指決策由談判群體的領導人單獨做出，事先很少徵求或根本不徵求群體內其他成員的意見。換言之，群體成員是被排斥在決策過程之外而成為局外人。而群體決策是指在充分地討論、廣泛徵求成員意見的基礎上，再由領導人集中大家的意見做出決策。因此，實際上每個成員都參加了決策，都是決策人。

實踐表明，群體決策與個人決策相比，準確性比較高，但耗費的時間較長，因此決策的速度比較慢；而個人決策的速度比較快，但準確性較低。除此之外，群體決策由於每個成員都參與了決策，這一方面溝通了彼此的看法，達成一致的意見，使每個人都明確了解決策的內容、意義和自己的任務與責任，因而在決策付諸實施時，阻礙較少，行動迅速，效率較高；另一方面，參與決策對每個成員來講都是一種榮譽，從而產生激勵的作用，促使每個成員更加努力地工作。

相比之下，個人決策由於缺少決策前的事先疏通，各個成員對決策的內容不了解，也易有不同的看法，這就阻礙了決策的貫徹實施。同時，個人決策還使群體成員有受排斥的感覺，影響工作積極性。

■ 談判群體內的人際關係

談判群體內的人際關係是和諧還是衝突，處於什麼樣的狀態，這對談判群體的效能影響很大。談判群體內部人際關係的和諧表現為群體有較強的凝聚力，群體成員之間相互接受與認同，產生對群體的歸屬感。

影響群體凝聚力的因素主要有三個；

第一，群體的領導方式。「民主型」的領導方式能使成員之間保持平等友愛，團隊內部氣氛寬鬆但卻不放縱。因而在這種領導方式下，人的能力能夠得到充分地發揮。

第二，外部的影響。出於「同舟共濟」的原因，外部的威脅和壓力會提高群體的凝聚力，對抗性越強，凝聚力也會越強。

第三，談判群體內部的獎勵方式與目標結構。在談判活動中，談判群體有群體的目標，群體中的個人也有自己的目標。如果能將這兩者協調一致，特別是使群體目標的實現成為個人目標實現的前提條件，那麼，群體中的成員就不會置群體目標於不顧，而只追求個人的目標。

在一個群體內部往往存在成員之間的競爭，這種競爭既有利也有弊。其有利之處在於可以促使群體成員奮發向上，不利的地方在於如果競爭過度，則會導致嚴重的內耗。

對談判的群體而言，由於其處於一種對抗性很強、面臨的問題又複雜多變的特殊環境之中，談判群體成員間高度協調一致，對實現群體的目標來講是最為關鍵和重要的，所以，應該適當地淡化內部的競爭意識。在實施獎勵時，應該把個人獎勵與群體獎勵結合，以後者為主。

談判群體中的衝突主要有兩種，一種是由於工作意見上的分歧而造成的衝突，這是正常的衝突；另一種是由個人的恩怨造成的衝突，這是不正常的衝突。不過在談判中，這種衝突是很少見到。因為在選擇人員組成談判團隊時，一般都會注意不讓有私怨或其他矛盾的人同時進入同一個談判小組。

談判群體中的個人在工作中發生衝突的原因主要有以下幾個：

第一，資訊的來源不同。人們只能根據自己所掌握的資訊來發表自己的意見，做出自己的判斷和決策。資訊的來源不同，使得各人掌握的資訊量與資訊的內容也不相同，從而造成衝突。

第二，主觀條件不同。人們各有自己的價值觀、思考方式，往往根據自己的知識、經驗、職業觀點作出判斷，因而主觀條件的不同也會造成意見衝突。

從整體上看，群體內的人際關係是和諧還是衝突的與資訊交流是否順暢直接有關。如果群體內部人員之間的意見溝通能順暢地進行，就可以逐步消除誤解，取得諒解和一致。

詳細分析談判對手的心理需求

美國心理學家馬斯洛經過 20 多年的研究，於 1971 年提出了著名的人類需求層次理論。他認為人的行為是動機驅使的，而動機又是在需求的基礎上產生的，馬斯洛根據需求對個體的重要程度，把需求分為五個層次：

第一，生理的需求；

第二，安全和尋求保障的需求；

第三，愛與歸屬的需求；

第四，獲得尊重的需求；

第五，自我實現的需求。

馬斯洛認為，人類的五種需求相互關聯，是逐級發展的。只有低一級的需求得到了基本滿足，才會產生並追求高一級的需求。但並不是說不同級別的需求不能在同一時間發揮作用。相反的各種需求相互影響，也可以同時作用，不過在一定的時期內，總有某一級別的需求居主導地位，成為人們行為的主要動力。優勢需求的形成，亦不是在低級別層次需求達到完全滿足後才出現，而是在低級別層次需求獲得基本滿足或部分滿足後，就會有另一種層次的需求產生。

下面我們逐一研究馬斯洛所劃分的五個人類需求的層次，並把這些研究運用到與客戶談判的活動中，這就是我們接下來要進行的分析：詳細分析談判對手的心理需求。

生理需求

生理需求是指人們對食物、水、空氣、性等用以維持個體生存和種族延續的物質需求。

在與客戶談判中，人的生理需求主要體現為吃、穿、住、行等維持生存與保持精力的需要。與客戶談判是一項非常複雜的行為活動，談判雙方都要付出很多的腦力與體力，滿足基本的生理需求，保持旺盛的精力是談判雙方得以愉快合作的基礎。

在與客戶談判中，人們對吃、穿、住、行這些生理需求的基本要求是「吃得可口、穿得整齊、住得舒適、行得方便」。談判人員必須要滿足和保證己方人員這方面的需要，如果是主場談判還要滿足對方人員這方面的需求，否則就會極大地影響談判人員的精力、情緒，影響談判場合的氣氛，甚至影響談判進度，這樣，談判人員就難以完成談判的任務。

■ 吃得可口

吃得可口，是指談判人員對飲食方面的要求，吃得可口對談判人員來說，並不是指要大吃山珍海味，而是指在口味與營養上適合每個談判人員的需求。在國外談判，要做到「吃得可口」並不是輕易能夠做到的。異國的菜餚對當地人來說早已習以為常，某些菜餚被視為珍品，而對異國他鄉的人來講卻難以下嚥。在國外的談判人員，有時為了尋一口可口的飯菜，還得費些周折。

如果連「吃」這一基本的生理需求都滿足不了的話，那麼談判人員的情緒則可想而知了。同樣，如果談判對手的飲食屬於我方負責的話，那麼我方就應該盡可能地讓對方吃得可口，吃得舒服。如果進行的是國際貿易談判，或者對方民族對飲食有其他的要求，那更要在飲食方面加以注意，飯菜一定要符合對方國家（民族）的習慣，適合對方的口味。

■ 穿得整齊

穿得整齊，既是談判人員的一項基本需求，同時也是與客戶談判活動中對參加談判的雙方人員著裝上的基本要求。

穿得整齊是指談判人員的穿戴必須要有一定的講究，談判人員的穿戴對自己的精神風貌往往有很大影響。穿戴整齊，能振奮精神和士氣，同時也能引起對方的敬佩之心。反之，穿戴零亂，在談判那種比較特殊的環境下，會使自己抬不起頭來，同時也會招來對方的輕視。

■ 住得舒適

住得舒適，一方面要求「舒」，即舒服，也就是說談判人員的居住場所必須要滿足身體休息的需要；另一方面則要求「適」，即合適，談判人員的休息場所不僅要符合自己身分，也要適合自己的習慣。

我們所認為的住得舒適，不是說要住多高級豪華的旅館、飯店，在飯店、旅館的級別上，只要與自己的身分、地位相符就行了。過分簡陋的低階旅館將有失身分，重大談判時尤其要注意。在客場進行談判，陌生的環境往往使人難以適應。談判人員除了要應付談判桌上的事情以外，還要應付其他許多事情，因此，住的關鍵是要能夠好好休息。一個寧靜、舒適的環境，不僅能夠很快去除疲勞，恢復精力和鬥志，而且還能激發人的思考和工作興趣，並有利於保持友善的心態。

如果進行的是主場談判，那麼我方就必須滿足對方的這一需求，為對方安排一個既舒服又符合其身分地位的居住環境。滿足對方的這一需求，可以讓對方在充分休息的前提下保持愉悅的心情，這樣十分有利於與客戶談判的進行。一旦滿足不了對方的這一需求，為對方安排了一個既不舒服又有失其身分和地位的居住環境，後果可想而知。

■ 行得方便

行得方便，是說談判人員有行動的基本需求，也就是行動要方便，這個需求主要是指在交通、通訊等方面要有便利的條件。談判並不是封閉在房間裡就能完成的，談判人員在談判期間需要與外界廣泛的接觸和聯繫。在國外談判，有時會碰到所住飯店與談判地點相距很遠的情況，往往要乘上很長時間的車才能到達。在交通擁擠的情況下，這是一種令人頭疼甚至是難以忍受的事情。

為了避免行動不方便帶來的一切不必要的麻煩，在有條件的情況下，盡量要為客戶談判人員配備談判專用車，這樣既可以方便自己的行動，同時又能滿足對方的需要。談判過程中，不論是己方或是對方的行動不方便，都會影響正常的談判活動；耽誤談判的進度，而且還會影響雙方的情緒，這樣就不利於雙方之間的友好交流，很可能會導致談判的破裂。

衣、食、住、行本來都是生活中的瑣碎小事，但是如果不對這些小事加以注意，就隨時會面臨談判的失敗，這就是典型的因小失大了。因此，在與客戶談判的過程中，一定要注意這些基本的生理需求，不僅要滿足己方談判人員的需求，而且還要注意滿足對方談判人員合理的需求。

尤其是在主場談判中，也就是說，己方身為東道主的時候，要十分注意給對方的「吃、住、行」提供一切可能的支援與幫助，這樣做可以減輕對方因陌生環境所帶來的種種不便與壓力以及由此導致的急躁、懷疑、敵對等情緒，爭取為談判創造一個友好、信任、合作的氣氛。俗話說：「投之以桃，報之以李」，給對方的「吃、住、行」提供支援和幫助，對方在談判中往往會有所回報，至少不會增加敵意，這是談判行家們的共同經驗。

安全和尋求保障的需求

按照馬斯洛的需求層次理論，安全和尋求保障的需求是在生理需求之上的一個需求層次，有時也可稱為安全的需求。

這一需求主要表現為人們要求穩定、安全，受到保護，有秩序，能免除恐懼和焦慮，有醫療和退休保險等。安全與尋求保障的需求，在談判中主要體現在人身安全和地位安全的要求上。

在與客戶談判中，尤其是進行客場談判的時候，常常會有不安全感，對安全和尋求保障的需求就更加迫切。比如，在客場談判時，由於對當地的民情、習俗、習慣、社會治安、交通狀況缺少了解，行動時常常感到缺少一種安全感，而陷入孤獨無援的氛圍之中。雖然集體談判多少有一個可以歸屬與依賴的集體，但與整個陌生的環境相比，這個集體仍然是孤零零的。這種缺少安全與保障的感覺會對談判人員的情緒產生很大的影響，很可能由此而產生不信任對方的心理，對對方人員產生排斥，這種情形一旦出現，談判的局面將很難出現好轉。為了避免以上情況，身為東道主的談判一方，應該盡力在談判之餘多作陪伴，如專車接送談判、陪同參觀遊覽等。這樣做，不知不覺地使對方把你視為可以接受、可以依賴的人來看待，這無疑對談判是有利的。地位上的安全需求是指談判者總是把談判看做一項任務，能否順利地實現談判的目標、完成任務，往往會影響談判者原有職位的保持和晉升。因此，有時會發生「簽訂個壞的協議總比沒有簽協議、空手而回要好」的情況，即是說明了這個問題。

愛與歸屬的需求

愛與歸屬的需求也稱為社交需求，它表現為人類希望給予和接受別人的愛與情感以及得到某些社會團體的重視和接納的需求，它包括愛情、友誼、歸屬感等。

愛與歸屬的需求在談判中具體展現為：對友情、對建立雙方友好關係的希望；對團隊的依賴並希望加強團隊內部的團結與凝聚力。前者是對外的希望與要求，後者是對內的希望與需求。

我們知道，談判是談判雙方為了滿足各自的利益而進行的一種協調行為，從一定程度上來說，談判是一種直接關係到雙方利益的行為過程，是要對雙方的利益進行劃分，因而常常使得談判雙方的關係處於緊張或對立的狀態之中。但是，就一般人的天性來講，是不願意在一種緊張對立的環境中進行活動的，人們追求友情，希望在友好合作的氣氛中共事。談判人員應該持有一種友好合作的心態，利用一切機會促成和發展與對方的友情。比如，為對方舉行家宴，邀請對方聯歡，贈送禮品給對方等等。一旦談判雙方產生了友情，讓步與達成協議就不是需要花費很大的力氣才能辦到的事情了。

在與客戶談判的活動中，除了友愛，談判雙方還有「歸屬」的需求，同一談判團隊內部每一個成員都會對整個集體有一種強烈的歸屬需求。而談判的雙方雖然不屬於同一團隊，但是也存在著「歸屬」的需求。這在存在外部的競爭時尤為突出，比如，如果一筆交易有一個賣主與三個買主，很顯然，每一個買主都想與賣主談判成交，而不願被排斥在外。他們都想與賣主結成一個買賣關係的實體歸屬，而將其他買主排斥在外。對賣主來說，在談判中，可以利用買主的這種「歸屬」的需求，為自己爭得更加優越的成交條件。

若想滿足和保證談判雙方的愛與歸屬的需求，首先應保證談判團隊內部的團結與協作。與客戶談判的團隊是一個目標非常明確的團體，它的任務與活動本身決定了它的內部人員之間必須保持高度的團結協作。只有一致對外，才有可能實現團隊的目標，這是任何一個談判人員都必須明確牢記的。對談判團隊的負責人來講，保持內部的高度團結協作，是他的主要職責之一。

談判團隊內部的團結協作在談判過程中有著舉足輕重的作用。談判團隊內部的各成員一定要具備團結協作的精神，談判團隊的負責人要充分調動各個成員的這種精神，盡量滿足團隊內部每個成員的愛與歸屬的需求。

身為一個談判團隊的負責人，究竟怎樣才能滿足每個成員的歸屬需求呢？專家認為在談判過程中，對談判的方針、方案、策略與戰術等問題，各人會有不同的意見和看法，應該在讓各人充分發表意見，在暢所欲言的基礎上進行集中統一，盡量吸取各種意見中合理的成分。切忌不加分析地全盤肯定或者否定某一種意見，對於不準備採納的意見，拒絕時也應婉轉，這樣才會使人感到團隊是需要他的。

在談判過程中，談判小組的某個成員可能會在某個問題的處理上發生這樣那樣的過失，對談判小組的負責人和其他成員來講，最重要的是向這位組員指明他的過失就好。尤其在談判場合中，他本人內心會自責，同時也會想方設法地挽回損失。但如果在這時指責埋怨他，一方面會加重其心理負擔，使他在後面的談判中難以正常發揮；另一方面，使之產生自己對於己方的談判小組沒有多大用處的想法，與團隊的感情由內疚變為冷漠和疏遠。反之，如果只指出他的過失而不追究其責任，並鼓勵其繼續好好做下去，這會大大強化他將功補過的心理，振奮其精神，他一定會在以後的談判中更加努力，不辜負同事之希望與信任。

在客場談判中，談判小組成員的食、住、行都在一起，因為各自的生活習慣不盡相同，各人應該互相諒解、忍讓、幫助。唯有這樣，才能使個人覺得離不開團體，才能滿足他對團隊的歸屬需求。

談判團隊內部的團結協作會使整個談判團隊形成一個強而有力的集體，這個集體將無往而不勝。相反的，如果談判團隊缺乏這種團結協作的精神，那就會產生許多意想不到的副作用。

比如，一個談判團隊內部意見不和，有排斥某個人的傾向，這就損害了這個人對於團體歸屬的需求。他就會游離於團隊之外，與團隊離心，而對手就會乘機而入，接近他，設法與之結成無形的同盟。這將會給本團隊帶來極大的危害。例如，如果本方的談判團隊在某個問題上意見不一致，並在談判桌上表現出來了，對方就會抓住機會，對本方中有利於或符合他們的謀略、計畫和要求的某位人員的意見，給予各種支持、肯定，說出諸如：「如果按照貴方 A 先生所建議的那個價格水準，我們就會購買一套設備，否則我們一套也不買」或者「我們之所以在這個問題上讓步是看在貴方 A 先生的面子上，因為他的話在情在理，可以看得出，他是一個真正會談判的人」等等的話。這樣一來，本方成員之間原先只是對某一具體問題的看法不一致，會迅速變成相互猜疑，出現離心傾向。如果不能很快地、有效地予以控制和制止，本方團隊馬上就會失去凝聚力而像一盤散沙，談判必然是以本方的失敗而告終。

可見，在與客戶談判中如果不處理好己方人員的愛與歸屬的需求，在談判桌上就不可能形成一個團結有力的整體，就會處於被動地位，讓談判對手控制全局。

因此，在談判中，要盡可能地協調統一本方成員的思想與意見，注重團結。即使在某些問題上難以形成一致意見，可以讓別人保留不同意見，但在與對方的談判過程中，不許表現出來，必須服從團隊整體的決策。

在談判中，內求團結、外講友好，這樣才能滿足談判人員對愛與歸屬的需求。無論是內部的團結，還是外部的友好關係，受到損害，都會直接影響談判目標的實現。

獲得尊重的需求

獲得尊重的需求實際上是人類尋求尊重的需求的一部分。馬斯洛的需求層次理論認為，尊重需求，包括自尊和受到他人的尊重的需求，在談判中具體體現在不僅要 在人格上得到尊重，而且在地位、身分、學識與能力上得到尊重和欣賞。

■ 獲得人格尊重的需求

在與客戶談判的過程中，談判人員必須尊重對方的人格，滿足對方獲得人格尊重的需求，在談判中絕對不能使用任何汙辱對方人格的語言，更不能人身攻擊對方的談判人員，談判中的問題要對事不對人。

滿足談判對手獲得人格尊重的需求是談判者必須具備的素養，尊重對手人格的同時，也尊重了自己的人格。「一個不懂得尊重他人的人，是不可能得到他人尊重的。」說的就是這個道理。

■ 獲得地位、身分尊重的需求

每一個人，在需要得到他人尊重時，不僅有獲得人格尊重的需求，而且還有獲得地位、身分尊重的需求。這就需要與客戶談判的人員，在談判過程中要懂得尊重對方的身分和地位，滿足對方獲得地位、身分尊重的需求。

若想滿足對方的這種需求，與客戶談判的人員就要在待人接物時十分注意。談判人員處理關係、接待的禮節要符合一定的規格要求，尤其是在雙方談判人員的級別職務上，要講究對等。在某些國家和地區，等級觀念是根深蒂固的。

將身分、地位較低的人派出與對方身分、地位較高的人進行談判，這是對對方的嚴重冒犯和不尊重，會嚴重影響雙方的關係及談判的結果，甚至導致談判的破裂。反之，如果對方派出的談判人員在職務與資歷上較淺，而本方派出職務高、資歷深的人員去應談也不合適，會給人在貶損自己的感覺。對方有時並不認為這是尊重或看重他，相反的，卻認為你是手中無人。一般情況下，如果雙方關係比較密切友好，而交易內容又比較重要，可以在談判之前或談判過程中，最好是在談判結束之後，由本方的高階主管出面，會見一下對方的談判人員，以示禮遇，這樣做比較得體、合適。

■ 獲得學識與能力尊重的需求

我們知道，人們獲得尊重的需求不僅表現為以上兩種需求，還表現為想獲得學識與能力的尊重和欣賞。而後者，是一種更高層次的獲得尊重的需求，與客戶談判的人員一定要充分滿足對方這一心理需求，不要讓對方感到你有意小瞧其學識與能力，當然，充分滿足對方這一心理並不是要無原則地吹捧對方，這種亂吹捧的行為只能弄巧成拙。只有真心實意地尊重和欣賞對方的學識與能力，才能滿足對方的這一需求。

在談判過程中，經常會遇到這樣的情況：對方老是混淆某些要點。有時對方確實是沒弄清這些要點的涵義，無意中混淆了這些要點，而有時對方是故意的，其目的是擾亂談判的正常程序，混淆你的思路。

不論對方出於何種原因，若出現了類似的情況，談判人員要保持應有的禮貌和風度，不要有意、無意中，直接、間接地指責對方學識淺薄、能力低下或胡攪蠻纏，你只需將被其搞亂的事情澄清、理順就行了。當你在談判中占上風，或者撈到部分利益時，不要喜形於色、樂不可支，甚至譏諷對方的無能。要承認對方的學識與能力可能並不比你差，只不過你的運氣好一點罷了。

在談判中，尊重對方，使對方獲得尊重的需求得到滿足，這對你來說是有好處的。一個受人尊重或者為別人所尊重的人，會竭力保持自尊。他會受到「尊重」的束縛而不能去做不受人尊重的事情，也許他本來是想做這些事的。在某些情況下，因為你非常尊重對方，以至於你雖提出某些本來他可以拒絕的要求，但為了受人尊重他不得不接受。

一家企業在和一個國際知名公司談判時，透過滿足對方獲得尊重的需求，為自己節省了一大筆開支，獲得了巨大的收穫。事情是這樣的：

一家企業為了引進一套先進的技術設備而同時與幾家外國公司接觸談判，其中一家是國際上著名的公司。這家企業的談判代表在與這家國際上著名的公司談判時，向對方說：「貴公司在國際上的知名度很高，我們很信得過你們，也很想與你們做成這筆交易，但令人遺憾的是貴公司在談判中提出的交易條件與其他幾家相比，實在不具備競爭力，看來我們只好找其他公司了。這筆交易本身做成與否不是什麼大問題，關鍵是，對貴方來講，在聲譽上的損失可是大事。請諸位考慮一下，以貴公司的實力和在金融界所享有的名聲，在這筆交易中居然敗給其他無名的公司，其影響和後果是可想而知的。」

這家企業的談判人員在談判過程中表現得不卑不亢，充分滿足了對方獲得尊重的需求，並且在此基礎上，讓對方為了獲得更多的尊重及維護企業聲譽而不得不降低了交易條件，同意了本方人員的要求。

從這個例子中，我們看到了在談判中尊重對方、滿足對方獲得尊重的需求，對於談判的順利進行有多麼重要。因此，與客戶談判的人員，一定要尊重談判對手，這是成功交易的重要條件。

自我實現的需求

自我實現的需求是指人們力求發展並施展自己的能力或潛能，以達到最完美境界的成長需求。馬斯洛需求層次理論分析，自我實現的需求是人類需求的最高層次。

自我實現的需求在談判中表現為：追求談判目標的實現，為本方爭取盡可能多的利益，以在談判中取得的成就或成績來體現自己的價值。

自我實現的需求是人類最高層次的需求，也是最難以滿足的需求。從談判的角度看，要在談判中滿足對方自我實現的需求是比較困難的，得有較高的藝術與技巧才行。

■ 滿足對方自我實現需求的困難性

在談判中滿足對方自我實現需求的困難性在於：對方是以其在談判中取得的成就或成績，來體現和評價其自我實現需求是否得到滿足以及得到多大程度的滿足的，而談判中的成就實際上主要是透過談判而能獲取的利益。成就大意味著所獲得的利益多，反之，成就小意味著獲取的利益少。在對方透過談判可以取得較多的利益，或者實現了其既定的利益目標時，他的自我實現需求就得到了滿足；而當其透過談判沒有達到既定的利益目標時，那麼其自我實現的需求就只得到部分的滿足。

從另一個角度來看，這實際上意味著對方自我實現的需求是與我方利益相矛盾的。爭取盡可能多的利益，是每一個談判人員所追求的。在一般情況下，除了策略上的考慮以外，任何人都不會放棄自己的利益去滿足對方自我實現的需求。

■ 滿足對方自我實現需求的技巧

既不放棄自己的利益，又要滿足對方的需求，看上去有點像「魚和熊掌不可兼得」似的無奈，在實際與客戶談判時，一旦處理不好雙方的利益關係，就可能會出現「你死我活」，甚至是「魚死網破」的不利局面。

與客戶談判的人員應該如何在爭取我方最大利益的同時，兼顧滿足對方自我實現的需求呢？更具體地講，如何在我方取得較多利益，對方只獲得較少利益的情況下，滿足對方自我實現的需求呢？無疑這是一個很難解決的問題，沒有一定的技巧是絕對不可能解決好的。

人們的自我實現也就是要體現自己的價值，而價值是否得到體現，取決於他人和社會對其價值的認識與評價。對談判來講，企業或上司對談判人員的評價不僅要看他透過談判爭取到多少利益，還要看他是在什麼情況下，如何爭取到的。例如，一名工人，昨天身體健康，一天加工了 9 件產品，今天不慎生病，帶病工作，只加工了 8 件產品，人們能說他今天的表現不如昨天嗎？

由此我們可以想到，在對方透過談判只能獲取較少利益的情況下，我們可以透過強調種種客觀上對他不利的條件，讚賞他主觀上所作的勤奮努力和過人的能力，使他在面子上和內心裡得到平衡，從而也能使其自我實現的需求得以滿足。同時，我方也並沒有犧牲自己的利益。這可以說是一個圓滿解決的辦法。

在談判過程中，當對方處於不利地位時，尤其是在談判結束，對方只獲得較少的利益，內心憤憤不平或充滿沮喪時，適當地掩飾一下自己所獲得的利益，多多強調對其種種不利的條件，多多讚賞其工作能力與工作精神，盡可能當著他上司和同事的面講，會使他從作為失敗者愧對同事與上司的心態中走出來，而感到自己已盡了最大努力，只是因為機緣不好而已，從而得到一些安慰與滿足。事後，他在內心裡會十分感激你的。

在談判過程中，滿足對方自我實現的需求，既要「真」又要「巧」，「真」即真誠，在滿足對方自我實現需求的時候，一定要真誠相待，讓對方從內心深處真切地體會到自己在談判中已做出了最大努力，取得了難得的成績；「巧」即技巧、巧妙，就是說實現己方利益，同時滿足對方需求，這本身是很難處理的，在解決的時候一定要講究技巧，不要顧此失彼。

讀懂對手的肢體語言

談判雙方的溝通並不一定要透過語言，眼神、手勢或者姿勢都隱藏著比言語更豐富的資訊。

在談判中，出色的談判者都善於從對手的肢體語言中捕捉到許多他們所需要的資訊。

談判開始時如果對方向你伸出手，你也迎上去，這表示友好與交往誠意；假如你無動於衷地不伸出手去，或只懶洋洋地稍稍握一下對方的手，則意味著你不想與他深入交流。握手時，如果對方的掌心出汗，暗示對方處於興奮、緊張或情緒激動的狀態；若對方用力握你的手，則表示此人好動、熱情，凡事比較主動。

不少人在談判中不斷地搓著雙手，或搓手心和手背，這常常是談判處於逆境時的習慣動作。有些人說話很有條理，但有些機械化，臉部表情呆板，四肢顯得比較僵硬，目光也不那麼銳利狡黠，這會給人一種印象：他準備的很充足，但畢竟是初次上陣的談判新手。

注意對方上肢的動作或者自己與對方手的接觸，可以分析出對方的心理活動或心理狀態，也可以借此將自己的意思傳遞給對手。比如，握拳表現出向對方挑戰或自身緊張的情緒。握拳的同時使手指關節發出響聲或以拳擊掌，都是向對方表示無言的威嚇。將雙手手指併攏放置胸前，則充滿了自信。手與手重疊放在腹部的位置，表示謙虛、矜持或略帶不安。

人的腿和雙足也往往是最先表露潛意識情感的部位，下肢動作反映的資訊主要有：

- 對方張開腿而坐，表明他相當自信，並有接受對手的傾向；而如果對手說話時抖動著他蹺起的二郎腿，他無疑是覺得自己處於優勢地位而表現出一種穩操勝券的自信神態。
- 對方翹腳而坐，在無意識中一般表示拒絕對方並保護自己的勢力範圍，使之不受侵犯；而不斷變換腳姿勢的動作是情緒不穩定或焦躁、不耐煩的表現。
- 搖動足部，用腳尖拍打地板，或抖動腿部，這些都表示焦躁、不安、不耐煩或為了擺脫某種緊張感。快要進入考場的考生、車站候車的旅客常有這種動作。

根據心理學家分析，人的舉止充分反映了人的內心活動，如果對手談話時落落大方，走、站、坐的姿態都輕鬆自在，說話緊扣主題，談笑風生，這恐怕是個很難對付的談判老手。舉止所表達出來的意義往往隨著個人性格和文化背景的不同而有所差異。因此，在談判桌上，要從對手的舉止中領會其中所潛藏的內涵，就要做個有心人，注意察言觀色。

用假設的方法判斷對手的心理

在具體的談判工作中，因為我們不可能百分之百地獲取對方的資訊，因而不能完全掌握他們的情況、對方的心態，這就需要我們盡可能地去猜測對方；正確猜測對方需要善於假設。

假設的內容非常廣泛，可以是過去發生的和現在存在的，也可以是未來可能出現的。也就是說，在沒有掌握到確切的證據證明該事實成立或存在的情況下，出於某種考慮，仍然把它當做事實予以承認，並以此為依據，設計好應付的方式和對策。

我們來看下面一個例子：

張偉是某國立大學法律系畢業生，到律師事務所工作已有一段時間了。幾天前他受理了一樁案件。這個案件內容複雜，難度較大，所以拖了好幾年沒有解決。

在受理案件的過程中，法院突然公布了一份奇怪的判決書，但這份判決書的內容與談判本身並無直接的關係。

張偉仔細研究了法院的這份判決書，從中找出了與對方關係密切的幾條內容。他根據這些內容，做出一個假設：「對方可能極力反對法院的判決，因為其中有幾項涉及對方的物質利益。」

然後他根據這一個假設繼續推論：如果我自己對法院的判決書表示基本同意的話，就會將對方的注意力引到自己身上，對方一定會對我提出強烈反駁和強烈的攻擊。至此，這一假設已經完成，現在要做的就是行動——從這一假設開始，廣泛蒐集各種資料，以便能從容地應付對方的攻擊，或者提出相反的論點並組織反擊的論據。

等到談判重新開始時，事情果然如張偉所料，他的假設完全正確。當張偉剛提出他對法院的判決表示贊同時，對方就對他進行猛烈的進攻。於是張偉預先進行的正確的假設，便成為他贏得這場談判的關鍵和起點。

由上例我們不難看出正確的假設對於談判的巨大作用。但是需要注意的是，沒有一套固定的法則來作為假設的依據，以保證假設是永遠正確的。我們可以借助經驗，但不能輕信經驗。事物是無時無刻不在變化的，談判則更具有其獨特性，我們的假設也只能根據具體情況具體分析。

將假設的重點放在對方的想法上

該如何提高假設的準確性並沒有一個固定的法則，但我們並不能被動地等候命運的裁決。我們應當把假設的重點放在對方的想法上，放在對方可能採取的策略上，而不要老拘泥於對方的有關論點，或者論據中一些瑣碎的細節。因為一個人的思考具有很大穩定性，不可能在一次談判活動中發生很大改變。

假設要大膽，但是假設又必須根據事實

事實是假設的基礎。

談判中的假設是談判者以審慎的態度做出的假設，是要對談判者自己和自己所代表的團隊負責的。顯而易見，已知的事實越多，假設的正確性

就越高。

當我們在街頭看到有一群人圍觀時，便做出「有人在打架」這一假設，但它的準確性不一定很高，事實上有可能是有人在賣藝、有人昏倒等其他情況。如果我們能進一步獲知事實，比如聽到打架鬥毆聲或人們的勸架聲，那麼我們關於「有人在打架」的假設準確性便明顯提高了。

天樂食品公司已經連續虧損 3 年了。截至目前為止，這家食品公司仍然勉強維持著它原先的經營形態，生產、經營體制都沒有大的改變。更為嚴重的是，該公司 3 年之內沒有推行技術革新，沒有開發新產品，也沒有拓展新市場。

現在我們根據事實做出假設。

如果該公司在以後仍然維持它原先的經營形態，那麼下一年它的收益可能繼續下降，這就是一個極具參考價值的假設。在這種情況下，該公司一定會急於尋找足以使它起死回生的業務人才，這是另一個極具參考價值的假設。根據以上兩個假設，你就可以採取以下行動：

向該公司毛遂自薦；向公司上層管理人員提出你的具體改革方案；向公司提到你的薪水該漲了。

只要你的假設正確，成功的機會是相當大的。

相反的，如果你的假設並沒有根據事實而做出，而是主觀臆測的話，那就是非常不明智的，更別談會成功了。

不要輕易放棄正確的假設

一旦你根據確鑿的事實做出某種假設，而且也經過理性、周密的分析論證，我們就一定要堅持這個假設，不要輕易放棄它。

在談判中你必須小心謹慎，因為你的對手很可能是一個非常精明、老練的談判高手，也許他對你的一舉一動洞若觀火，對你根據某種假設擬定的談判策略及其內容一清二楚，並制定出「反攻擊」策略，製造種種足以誘使你陷入錯誤深淵的假象。因此，他們的首要任務就是要迷惑你，使你對自己的假設產生懷疑。

A 公司與 B 公司的合併正在計劃之中。雙方都希望在合併以後享有更大的權力，B 方代表把全部談判精力都放在「我方公司所研製的某產品對 A 公司的收益將有重大的甚至決定性的作用」上。然而根據 A 方人員的實際調查，其實 B 公司引以為榮的這些東西對 A 公司並無多大價值。

問題出來了，既然經過初步的、並無多大難度的調查就可以得出結論，B 公司為什麼對他們的產品「猶抱琵琶半遮面」呢？

A 公司代表做出以下幾種假設：

對方想盡量抬高這種產品的身價；對方真的不了解新產品；對方只是想以此為幌子，暗中卻另有所圖；對方只是抱著試一試的態度，從而引誘你放棄原來的假設；對方只是一種無謂的夜郎自大。

這五種假設都有其產生的可能性，但經過仔細分析論證，A 方人員認為第五種假設最有可能。因此在以後的談判中，不管 B 方代表如何天花亂墜地吹噓其產品，A 公司始終不為所動，堅持自己的主張，最後 A 公司順利地「併吞」了 B 公司。

利用對方喜歡炫耀的心理

利用對方喜歡炫耀的心理往往能獲得談判的成功。

每年都有成千上萬人到墨西哥觀光、旅遊。旅遊業的興旺給當地的居民帶來了賺錢的機會。有一位英國人麥克先生到墨西哥城旅遊時，就領教了當地土著的這一經商策略。

一天，麥克先生與他的夫人來到了一個嘈雜的商業區，妻子不聽勸告，執意要到商場逛逛。麥克先生只好獨自一人走。

這時，他發現距他很遠的地方有一個真正的土著居民，在大熱天裡，肩上披了好幾條墨西哥披肩毛毯正在兜售。他覺得很好奇，忍不住走上前去。

當麥克先生走近那個人時，只聽那人高聲叫著：「1,300 披索。」

「他在跟誰講話，是跟我嗎？不可能呀！」麥克先生心中暗想。「他怎麼會知道我是個旅遊者呢？他又是如何知道我暗中在注意他。」

麥克先生不禁加快了腳步，盡量裝做沒有見到他的樣子，繼續向前走。可是那個土著一直跟在他的背後，就像有一根鏈子把他們拴在一起。

「900 披索！」他一次又一次地說。

麥克先生有點生氣。仍然沒有理他，並且開始小跑起來。但那個當地土著依然緊跟著他。這時他已把價格由 900 披索降到 700 披索了。到了車多的十字路口，麥克先生只好停住了腳步，那個人仍在叫：「700 披索……600 披索……好吧，500 披索。」

當麥克先生穿過馬路，剛停住腳，還沒有來得及轉身，耳邊又傳來他的聲音及粗重的喘息聲。

「500 披索。」

因為他步步緊跟，惹得麥克先生很生氣，他回頭道：「我告訴你我不買，別跟著我了。」土著從聲調上和態度上明白了麥克先生的話。「好吧，你勝利了。」他答道，「只給你的特別價，250 披索。」「你說什麼？」麥克先生叫道，「250 披索，給我一件，讓我看看。」

麥克先生覺得很吃驚，那個土著人將價格由 1,300 披索降到 250 披索，使他感到很有趣。在他的本意上，他從沒有想到要買一件披肩，絕對沒有。但他現在居然開始跟小販講開價錢了。

那位賣披肩的土著對他說，有一位加拿大溫尼伯的人曾以歷史上的最低價格買到一件披肩毛毯，花了 185 披索。你如果要的話，可以以 180 披索成交。

麥克先生感到很興奮。因為花 180 披索買一件披肩毛毯，不但創造了墨西哥歷史上買披肩毛毯最低價的新紀錄！並且還能帶回家參加美國建國 200 週年紀念。

麥克先生將買到的披肩毛毯披到了肩上，感到很得意。天氣很熱，但他仍覺得怡然自得。

麥克先生回到旅館，高興地向妻子炫耀：

「看我買了什麼，一件多麼漂亮的披肩毛毯，真正的墨西哥披肩毛毯！妳猜猜用了多少錢？」

「告訴妳吧，一個土著開價 1,300 披索，而我，一位國際談判專家只用了 180 披索就到手了。」

他的妻子訕笑道：「哈哈！太好笑了，我買了一件同樣的，只花了 140 披索，看，就在衣櫃裡。」

在這則故事裡，看似笨拙的土著商販事實上是一位高明的談判高手。他抓住了遊客喜歡炫耀自己的心理，略施「苦肉計」，讓遊客心裡覺得自己很有能力，因而與之成交。

應對偏執心理的談判對手

你隨時都可能遇到頑固地採取非贏即輸的談判方法的偏執談判對手。

那麼，對方談判者固執地堅持這種非贏即輸的談判方法，其背後的真實意圖是什麼呢？假如你能看透這一點，你就可以改變自己的方法，給談判對手需要的東西。

安海薇被上級調到一個新的部門接管產品 X 的工作。在海薇適應了這項工作後，她的經理就讓她專心於這個產品，而且讓她負責管理這個小組與開發和產品 X 相關且更先進的產品 W 的工作。

在安海薇接管產品 X 的 18 個月內，有 3 個職員被調入她的小組工作。她的經理又派她去負責建立和開發第三個產品，這個產品是不同於前兩個產品，但又與她現在負責的兩個產品緊密相關的產品（產品 Z）。在這個階段，很多職員潛在的不滿情緒開始在安海薇的部門表現出來。與安海薇一起工作的一些人甚至開始覺得，她是一個很重權勢的人，因為安海薇正在負責賺錢的主要產品的同時，她又被指定負責另外兩個潛在的主要產品 W 和 X 產品的工作。

與安海薇在一起工作的米莉森非常不滿意。她認為，她既有能力，又有資歷來負責這些產品中的任一個產品的管理工作，而不是僅僅為這三種產品做輔助性工作。夏燕妮則非常不願負責整個產品的管理工作，不過，她想負責其中的某些工作。姚雪芝是最近才調入她們這個小組的，目前看來，她還蠻樂意從事現在的工作的。

安海薇在聽到同事的議論後，覺得自己受到了傷害。她的工作能力非常出色，不但成功地接管和開發出了難度大且非常機密的產品，而且對這些產品的管理也有條不紊。現在，她正處於相關產品的開發過程中。就在這個時候，部門經理召開了一個會議，並要求每個人都在會上發言。安海薇明白，假如她在會議上說，她希望繼續維持現狀，像過去那樣工作，那樣，她就在實際上支持了她的經理。但是，她也同樣明白，一旦她那樣做，將會使與她一起工作的同事的不滿情緒更加高漲，特別是米莉森正摩拳擦掌，對抗一觸即發。

安海薇認為，對她而言，有三個重要性相當的問題：

1. 必須與同事建立和保持良好的關係。
2. 必須保證產品嚴格按照標準生產。
3. 必須保證顧客的需要得到滿足。

這三個問題甚至比繼續負責所有的產品開發工作更為重要。因此，儘管她已經知道人們在背後議論，說米莉森決心贏得三個產品中一個產品的控制權，她還是決定採取解決問題的態度來處理此事。這樣一來，儘管聽到米莉森那刻薄的議論，她心裡有些不愉快，但當她走進會議室後，卻保持了冷靜的頭腦，並採取了溫和的態度。

在會議上，安海薇希望大家能夠以負責的態度，談談自己的意見。然後，她闡述了自己的意見，實質上，當她說希望繼續負責她現在的工作時，也同時做出保證盡可能地讓其他人也得到他們期望的機會。她問了大家很多問題，並能夠冷靜地應對米莉森的對抗性情緒。在會議上，他們達成了以下協議：米莉森將負責產品 X 的日常事務工作，安海薇名義上在 6 個月的移交期內繼續負責產品 X 的工作；夏燕妮將分擔米莉森的一部分工作，她將負責產品的某一部分工作。安海薇將繼續全面負責產品 W 和產品 Z 的開發工作。6 個月之後，假如所有工作都能按計畫順利進行，米莉森將正式接管產品 X 的工作，而夏米特繼續負責她目前所擔負的那一部分工作。

那麼，什麼原因使得安海薇覺得這是一個皆大歡喜的結局呢？儘管她沒有繼續負責產品 X 的工作，雖然她非常喜歡這個產品，同時也因不再負責這個產品的工作而感到遺憾，但是，她現在卻贏得了同事之間良好的工作關係。她獲得了 6 個月接管期內有效管理產品的特權，以便能夠確信，米莉森已經感到心情舒暢，並且能夠管理好難度大而又非常機密的產品。她感覺到，當離開會議室時，參加會議的所有人都得到了她們想要的一些東西。

安海薇因此非常高興，因為她覺得，在會議開始時，她是完全孤立的，其他人都已決定準備竭盡全力地和她鬥爭到底，以便盡可能使他們的需要得到更大程度的滿足。而當她將個人感情放置一旁，採取了多贏的方法，終於成功地化解掉每個人的對抗情緒，重新成為一個凝聚力強大的團隊。

安海薇的成功之處在於，她的目的明確，認識到什麼是最重要的；她的方法靈活，不跟偏執的對手過多地計較；她的策略正確，最終達成了多贏。

了解國外談判者的心理特徵

不同國家和地區的人具有不同的價值觀和不同的態度，也就是具有不同的民族文化。民族文化的差異不僅決定了人們的行為方式，而且影響著談判人員的價值觀和態度。比如，有的人要面子，有的人重感情，有的人寸利必爭，有的人善於妥協，這些都與民族文化緊密相連。因此，談判人員必須熟知有關各國的文化及其對談判的影響，以便因勢利導，取得談判的成功。

各國文化對談判的影響主要體現在各國談判者獨特的談判風格上。因此，這裡介紹各國談判者的談判風格。

美國人的談判風格

美國人的談判風格在世界上是影響最大的。

美國人通常性格外向。他們與別人剛結識不久，就會顯露出如多年的知己好友那樣的親切感。美國人的個性自信而果斷，因而談判人員進入談判室時是充滿信心的，談話又是明確肯定的。

美國人的傳統是從事各種商業。一個人在經濟上取得成功，就會受到社會的敬重。因此，美國人對能否取得物質上的成功極為關心。

美國人進行談判時，通常總是充滿熱情。他們以在經濟上獲得利益為自己的談判目標。他們擅長討價還價，並能很自然地在談判時將話題引到討價還價上去。他們在談判時喜歡一個問題接一個問題地討論，最後才完成整個協議。

美國人對商品包裝格外感興趣。在美國，包裝對商品的銷路有著極為重要的影響，只有符合潮流的、新奇的包裝，才能激勵起消費者的購買興趣。美國的一些日用消費品，包裝的費用通常占商品成本的 1/4 到 1/3。因此，在談判時，身為賣方，他會希望你提出對包裝的要求；身為買方，他則希望你能提供精美上乘的包裝。

與美國人談判，當無法接受對方提出的條款時，要明確地表示不能接受，以免導致誤解而產生糾紛。萬一出現糾紛，則必須誠懇、認真，絕對不要陪笑臉。在美國人看來，談判出現糾紛而爭論時，心情必然不好，此時的笑容當然是偽裝的。這樣做會使美國人惱火，甚至會認為你自認理虧了。與美國人談判，千萬不要批評別人，或把以前與某人曾有過摩擦的事作為話題，或把與自己競爭的公司當作貶抑對象。貶抑別人是美國人最為蔑視的。

德國人的談判風格

德國商人給人留下的最深刻的印象，是他們對本國產品的信心。他們在商業談判中，常以本國產品作為衡量品質的標準。

德國人善於運籌，準備充分，其談判風格嚴謹、穩重。他們善於選擇合適的談判對象，找出談判過程必須解決的問題，研究後決定合理的出價，並在交易中審慎地討論那些必須解決的問題。他們堅信自己方案的可行性，一般不願向對方作出較大讓步，有時甚至固執到毫無還價餘地的程度。

德國人重合約、講信譽。在談判中，他們會將所有的細節都認真研究，並感到滿意後才簽字。一旦簽約，他們就能嚴格遵守合約，履約率極高。

與德國人談判，在出價之前，應當盡可能摸到對方底牌，並適時出價，爭取主動權。

法國人的談判風格

法國人在國際貿易中具有三個主要特點：一是有數量眾多的貿易商從事外貿經營活動；二是往往要求用法語作為談判語言；三是具有橫向談判風格，即喜歡先就主要交易條件取得協議，然後談判合約文件，最後談判標題。談判的重點在於擬訂一些重要的原則，而不注重細節。

與法國人進行談判時，在最後簽約之前的談判過程中，除了業務問題的洽談外，還可談些諸如文化或社會新聞等話題，以產生富有情感的氣氛，有利於業務的進行。因為法國有燦爛的文化傳統，法國人為此十分自豪，而法國人一般也具有較高的文化素養。

法國商人在談妥合約主要交易條件後，就會在合約上簽字。然而簽字後，又常常要求修改。因此，同法國人談成的協議，必須用書面形式互相確認。

英國人的談判風格

英國談判人員很講究禮貌，善於與人打交道，待人友好，頗具紳士風度。他們建立人際關係的方式很獨特：開始時往往保持一段距離，之後才慢慢地接近。

英國人辦事能體諒他人，會考慮到對方的意願和行動。英國人做生意，首先從建立信用入手，然後還會考慮到要有助於人。英國人常常喜歡私下應酬，接待客人時間較長，對約會很重視並且準時。

談判中英國人決策果斷，遇到糾紛，往往對自己充滿自信，並對自己認為正確的事能給出邏輯性很強的說明，從不輕易道歉或認錯。

北歐人的談判風格

北歐人無論是與美國人相比還是與德國人相比，都沉著、冷靜得多。他們在剛開始談判時，往往言語不多，說話時輕聲而又從容不迫。北歐人談吐坦率，樂意幫助談判對手，使對手得到有關自己情況的資訊。他們在談判中講究按部就班、有條不紊。北歐人的長處在於善於發現和抓住達成協議的機會，並及時作出達成協議的決定。

芬蘭人和挪威人是典型的北歐方式；瑞典人的風格在一定程度上還受到美國人的影響；丹麥人則略傾向於德國風格。

北歐式談判風格產生的背景主要是對基督教的信仰、政治上的穩定以及過去國民經濟中長期居舉足輕重地位的農業和漁業經濟的影響。

中南美洲人的談判風格

中南美洲人顯得悠閒開朗，工作時間普遍短而鬆懈。中南美洲能夠管理業務的經理人才不多，因此必須與負責管理的人才能談成生意。

在談判中，中美洲人很熱情，也很重感情。彼此成為朋友後，他們便會為你優先辦理業務，並會照顧到你的需求。

中美洲人較缺乏責任心，不遵守合約是常發生的事，而且對金錢和時間價值也缺乏敏感度。這在談判中要尤其注意。

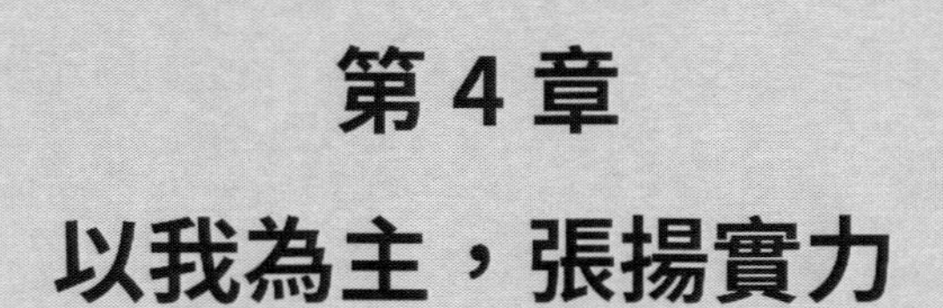

第 4 章

以我為主，張揚實力

要讓好馬配上好鞍

如果您認為對己方情況的介紹僅僅透過語言就足夠了，那麼你可就犯錯誤了。試想如果你哭喪著臉、衣冠不整，即使你說得天花亂墜，有誰會相信你是一個資信良好、極具實力的大公司談判代表呢？試想，如果到對方的場域談判，你每天坐著公車去談判地點並且住在廉價的旅館裡，有誰會認為你有實力，又有誰會願意和你合作呢？

每個人的生活經驗都證明，形象影響著別人對你的信任。在談判桌前更是這樣，因為談判雙方往往以前並未打過交道，因此，只能透過接觸時對你的衣著、言語，甚至你的汽車所傳遞出的資訊的捕捉與分析來評價你的實力。可以說，你的形象就在介紹你的情況、你的實力，是你遞給對方的第一張「名片」。

因此，必須給自己一個好的「包裝」，這是表現你實力的一個不可忽視的途徑。

有間知名公司在其草創時期，一次到外國與合作方談判，為了替公司節省經費，代表們住在廉價的旅館，每天坐公車去談判。但在快接近談判地點時，就趕緊下公車叫一輛計程車去談判地點。在談判對手回訪時，立刻把住處搬到一家豪華的星級酒店，客戶離去後又馬上退掉房間。

為什麼要不厭其煩地製造「假象」呢？這是為了給談判對手一個令人信任的形象。試想如果你們一味節儉，合作者怎麼會信任這個談判代表坐著公車、住著廉價旅館的處在草創時期的有實力的公司呢？由此可見「包裝」對談判者形象塑造的重要性。那麼，該怎樣給自己一個好的包裝呢？

人靠衣裝

有利於談判成功的衣著打扮首先應與身分一致。上至國家元首，下至公司的普通職員，都可能成為談判者。談判時要根據自己的身分來選擇衣著。比如，身為一名總裁，在出席談判時就不應穿著隨便，起碼得西裝革履與身分相配。而身為談判助手，如果其衣著比首席談判代表還華貴，也是不可取的，會有喧賓奪主之嫌。

其次，要與談判的性質一致。如果是正式談判，談判者應當穿得「正式」一些；而在非正式談判中，衣著則可以非正式一些。

再次，要與環境一致。超越環境氛圍的穿著打扮，往往會使對手感覺到你的做作；低於環境氛圍的穿著打扮，則會使你感到侷促不安，甚至喪失自信，也會使對手對你的實力產生懷疑。

最後，切記千萬不要穿一些材質不好，做工粗糙的衣服，它會使你在對手心目中的形象一落千丈。

讓你的裝備介紹你的實力

這裡的裝備是指汽車、手機等象徵著財富與實力的各種工具。雖然俗話說：「人不可貌相」，但實際生活中，許多人都在以貌取人，而在談判桌上有時也真的會「以車取人」、「以電話取人」，透過這些裝備來判斷你的實力。因此，有些談判者為了出席會議，千方百計地借車、借名牌行頭也就不足為奇了，甚至可以認為是聰明之舉。記住，可別讓你的裝備告訴你的對手你實力不濟。

事無鉅細，處處注意維護形象

比如你住的旅館，在外地談判時你租用的交通工具，你請對方吃飯的飯店等，都可能成為對方考察你實力之處。因此，千萬不要因小失大，自毀形象。

善用事實來說話

在談判過程中，注意運用客觀事實來介紹自己的實力，是贏得對方信任的一條捷徑。比如，如果 A 公司代表只說「我們公司近年在房地產開發領域的業績顯著」就顯得沒有什麼說服力，讓人覺得是自吹自擂。A 公司代表很有經驗，緊接著舉出一個就發生在 B 公司身邊的事例：「我們公司在你們新竹市去年開發的 ×× 花園，收益就很不錯，聽說你們的周總也是我們的買主啊！」馬上就使「業績顯著」變得具體可信，使對方對他的資信狀況充滿信心。

有的談判者就不懂得注意這點，只空洞地說：「我們公司的產品遠銷美國、東南亞。」「我們的產品是最好的，人見人愛。」「我們的產品壽命會和你的壽命一樣長。」不但會讓人覺得是「老王賣瓜 —— 自賣自誇」，而且會對你的誠信表示懷疑。這種方式是不會讓對手相信你的實力的。

俗話說「事實勝於雄辯」，在介紹己方的情況時，選用具有說服力的事實替你展示實力，會使你的介紹真實可信，事半功倍。

最常見的例子，是市場上賣西瓜的小販大聲叫賣道：「西瓜，不甜不要錢，不沙不要錢，先試吃後買啊！」這就是在用事實向顧客介紹西瓜的品質，贏得顧客的信任。

談判的高手總是充分地利用自己所掌握的事實，在向對手介紹情況時顯示自己的實力。

比如有這樣一則廣告：「你知道 ×× 牌水泥嗎？在 A 工程、B 工程、C 工程（均為國家大型工程）的建設中，它均是首選資料，你不想試試嗎……」這就是用事實說明自己實力的一種宣傳技巧。看到這則廣告的讀者馬上會產生這樣的反映：A 工程、B 工程、C 工程均是國家大型工程，它們都使用 ×× 牌水泥，那麼這種水泥的品質一定不錯。用這種介紹方式顯示自己的實力比單純說「我們的水泥品質超群」等，更具說服力，而且效果也好得多。

再看下面這個例子。在一次產品出口交易會上，某國的一位商人想向臺灣的某曳引機廠訂購一批農用曳引機，但他不太相信某曳引機廠的產品品質和銷路。曳引機廠的代表並沒有單純地用一些枯燥的技術指標來說服他，而是閒話家常式地問道：「貴國的 ×× 經理您熟悉嗎？」「熟悉，當然熟悉。我們都是做農用機械生意的，還合作過呢！」「噢，那你為什麼不向他了解一下情況呢？去年他從我們廠買了一大批曳引機，可是大賺了一筆啊！」商人回到住處後，立即透過國際長途電話驗證了情況，第二天就高興地跟臺灣曳引機廠簽訂了訂購合約。

事實是可以驗證的，是不以人的意志為轉移而客觀存在的。事實的這種客觀性、直觀性有時候能比數據、資料等更具有說服力。在談判過程中，當你向對方介紹關於你實力的某件事實後，對方一定會以最快的速度去驗證。一旦驗證你所說的是真實可信的，你的實力也就不言自明了，對方對你的信任也就油然而生了。這也同時需要我方在運用事實、顯示己方實力時一定要遵守規則，做到實事求是，絕不能言過其實，吹牛誇大。在談判中多留些餘地，反倒會使你陳述的事實更具說服力。

下面是兩位談判者在談判中向對方介紹自己的產品，企圖表現自己的產品在品質方面的實力。

甲：我們的產品品質超群，運行壽命遠遠超過了某國的某某產品（世界著名品牌），絕對不會出現任何問題。

乙：我們產品的品質在各項指標上都遠遠超過了國家規定的標準，性能優良。用戶的反應相當不錯。但是由於本國的工藝水準還不夠頂級，有一個小的零件在周圍環境溫度過高或使用時期過長時會出現損壞。不過您放心，這不會影響到整個機器的正常運行，而且我廠會隨機附送大批零件，並可隨時到貴廠協助搶修。

面對甲乙兩方的介紹，大量事實證明，買方一般更樂意購買乙方提供的產品。這是一條心理學上的規律在發揮作用。這一規律認為：當人接受到超過正常標準的外界資訊時，人的心理活動趨向於縮小和減弱外界刺激的作用；當人接收到低於正常標準的外界資訊時，人的心理活動趨向於擴大和加強外界刺激的作用。這種心理作用影響著人的選擇。因此在介紹己方情況時，實事求是、留有餘地要比誇大其辭更具有感染力，更具可信度。

巧用頭銜和經歷做資本

儘管我們都曾不止一次的告誡自己不要被虛名所誤導，但在現實生活中我們還是常常愛用一個人的頭銜、知名度來判斷他的實力，衡量他的社會地位。

從某種意義說，頭銜就是一個人的標記，人們認識人往往就憑這個標記。因此，在談判過程中巧妙地運用頭銜的作用，有時會收到很好的效果。

比如：「這是我們公司的總經理，是本次談判我們的首席代表……」總經理的頭銜顯示著與其本人相關的能力，他具有這樣的稱號，就說明他具有這方面的能力。因此，簡單地一介紹，就能使對方對他的談判實力高看一眼。而且總經理的親自出席也顯示出你方對談判的高度重視和志在必得的決心。

但是，在介紹己方情況時，怎樣把自己方代表所具有的頭銜巧妙地告訴給對方，又避免自我抬高、自我吹捧之嫌呢？你可以透過以下途徑：

利用名片

如果一見面你就自我介紹：「我是 ×× 公司董事長兼總經理，也是 ×× 機構的理事長」會給人一種居高臨下、盛氣凌人的感覺，可能會引起對手的反感。如果你把印著頭銜的名片雙手遞給對方，不但能發揮頭銜的影響力，而且還會給對方留下謙遜、禮貌的良好對象。

讓助手替你說

有了助手，你就可免開尊口，由助手代為介紹：「這是我們公司的總經理，工商管理學碩士，×× 機構理事長。」這就顯得很得體，不會給對方不好的感覺，反而可能使他肅然起敬。

而且有大批助手前呼後擁，本身就說明了你的頭銜和地位，也顯示出你方的實力，定能使對手更信賴你。

經歷炫耀

單純地介紹你的頭銜，有時還不夠，因為在這個頭銜滿天飛的時代，人們已開始漸漸地失去了對它的絕對信任，在介紹自己的頭銜後，選一個恰當的時機巧妙地炫耀自己的經歷可以抬高自己的身分，增強頭銜的影響力，使對手更加信賴你。

例一：在談判的開始階段，買方觀看了賣方產品性能的展示。賣方問道：「你覺得怎樣，符合你的要求嗎？」

甲：不錯，基本符合。

乙：還可以，跟我們以前購買的產品相比有了一些改進。

丙：我參加過 ×× 世界博覽會，你們的產品和博覽會上展示的世界最先進的 ×× 產品相比，還是有一定差距的，但基本上符合我們的要求。

例二：談判間隙，與前來談判的對手套交情。

甲：你的口才真令我欽佩。

乙：你在談判中的表現，使我想起了兩年前與我們談判的一位日本商人，他就是著名企業家 ××。

丙：你是我在幾十次談判中所遇到最強勁的對手。老兄，手下留情啊！

在上述例子中，乙、丙的發言都在回答對方的同時巧妙地介紹了自己的經歷，抬高了自身的身分、地位，顯示了自己的實力，使對方不得不刮目相看。達到了介紹己方、暗顯實力的目的。但是要特別注意所炫耀的必須是親身經歷，千萬不要偽造。否則，一旦「穿幫」，你會信譽掃地。

借名揚名，壓倒對方

在介紹己方情況時，除了透過介紹談判者的頭銜，炫耀談判者經歷的方式來顯示自己的實力外，在恰當時機將己方所屬的企業以及本方產品的知名度透露給對方，同樣會令對方肅然起敬，甚至在潛意識中已經開始讓步。比如前文例子中 A 公司介紹己方的情況時有過這樣一段話「我們公

司是 × 公司、×× 公司合資創辦的。（× 公司、×× 公司均為全國著名的大公司）」其目的就在於將本方所屬公司的知名度透露給對方，並借此來暗示自己的實力。

這就是所謂的借名揚名，是談判者在介紹己方情況時常用的一種技巧。其中「名」不僅包括企業、團體的名，也包括社會上一些知名人士的名。比如，許多商家非常熱衷於請影視明星做廣告，甚至不惜一擲萬金，其目的就在於借名人的名揚自己的名。這類廣告屢見不鮮，如「××（影星）只用 SK-Ⅱ。」、「××（名人）天天喝 ××（飲料）」等等。

借名揚名，是在利用普通人的崇拜權威的心理。在普通人的思考中，通常有這樣一種慣性，名人推崇、讚賞的東西也一定是好東西，其品質、性能也一定有保障，無須去懷疑。因此，在談判過程仲介紹己方情況時，運用借名揚名的技巧可以直接而鮮明地體現本方的經濟實力、經營理念和所處的社會地位。它是談判者在談判過程中為自身及產品揚威，顯示己方實力，提高談判值的有效武器。

比如下面這個例子：

在一次談判中，雖然供貨商提供的各種資料均顯示出他所提供的電子元件的品質沒有任何問題，但對方企業由於第一次接觸這種品牌的產品，所以始終拿不定主意。甚至想退出談判，去購買品質雖然普通但自己十分熟悉的一種舊產品。

這時，供貨商靈機一動：「你知道 ×× 電視吧（×× 電視是國內知名產品）？」

「當然，不瞞你說，我們家的電視就是 ×× 牌。」

「你覺得這種電視的品質如何？」

「沒問題，一點也不比進口產品差。」

「我很榮幸地告訴你，生產 ×× 牌電視的工廠一直都選用我們的產品，前幾天剛簽了一個長期供貨協議。」

聽了這樣的介紹，對方企業的顧慮消除了，很痛快地和供貨商簽訂了協議。

這也是一個運用「借名揚名」技巧的例子。供貨商巧妙地把 ×× 牌電視的知名度轉化為其產品在品質方面的實力，打消了對方企業的顧慮，使談判的局面峰迴路轉。如果供貨商仍是靠各種資料來介紹其產品的品質，恐怕很難收到這樣的效果，可能對方企業已經退出談判了。

應當注意的是，當你精心策劃，準備運用「借名揚名」的技巧時，一定要考慮到它可能產生的負面影響。也就是你所借用的「名」會不會使對方產生認同的心理。如果不能造成這種作用，就會適得其反，引起對方的反感，不但達不到顯示本方實力的目的，而且還可能使談判陷入僵局。

談判的成功是建立在實力的基礎上的。因此，每個談判者都應在談判的各個階段不遺餘力地透過各種方式把你的實力最充分地展示給對方，這樣才會使得他們對你的信任與日俱增，才會使你在談判中所處的地位更為有利，成功的機會也就更大。

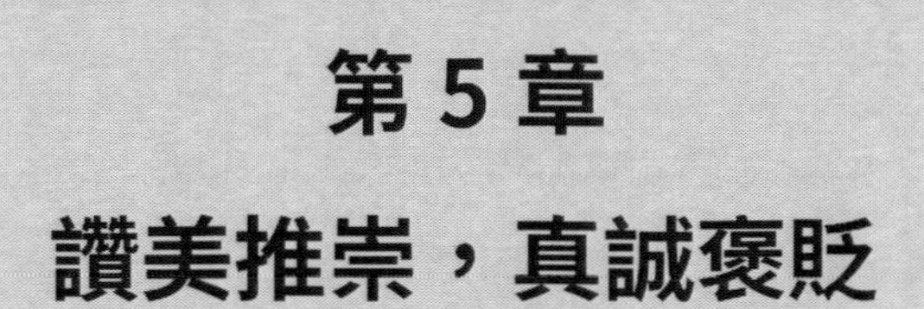

第 5 章

讚美推崇，真誠褒貶

巧加讚美，緩解緊張

談判中，可以適當地運用讚美的方法，投對方所好，往往能收到意想不到的效果。

某文化公司要建造一座劇院。這一天，公司王經理正在辦公，家具公司的李經理找上門來推銷劇場座椅。

「哇！好氣派呀。我從未見過這麼漂亮的辦公室，如果我有一間這樣的辦公室，我這一生的心願都滿足了。」李經理這樣開始了他的談話。他用手摸了摸辦公椅扶手：「這不是香山紅木嗎？難得一見的上等木料呀！」

「是嗎？」王經理的自豪感油然而生。他說：「整個辦公室是請義大利的裝潢設計師打造的。」說罷，不無炫耀地帶著李經理參觀了整個辦公室，興致勃勃地介紹設計比例、裝修資料、色彩調配，興奮之情，溢於言表。

不用說，李經理順利地拿到了王經理簽字的座椅訂購合約。他得到了滿足，他也給了王經理一種滿足。

李經理成功的訣竅，就在於他了解談判對象。他從王經理的辦公室入手，巧妙地讚揚了王經理所取得的成就，使王經理的自尊心得到了極大的滿足，並把他視為知己。這樣一來，座椅的生意也就自然非李經理莫屬了。

世人都喜歡恭維，但恭維應根據每類人的特點，用不同的方式，講不同內容的恭維話。對於商人，如果你說他道德高尚，學問出眾，清廉自持，他一定無動於衷，不屑一顧。如果你說他才能出眾，頭腦聰明，手腕靈活，生財有道，現在臉泛紅光，必定馬上要發大財，他聽了一定高興。

情感公關，談成生意

人總是喜歡被讚美的。現實生活中，多數人愛聽恭維的話。你對人講恭維的話，如果恰到好處，他肯定會高興，並對你有好感。

不少人說自己對恭維很反感，願意接受批評。一旦你信以為真，毫不客氣地對他批評的話，他表面上雖然不一定有所表示，但內心多半是不高興的。

實際上，真正能做到「人告之以有過則喜」的人，是很少的，普通人沒有這種雅量。

談判中，也可以適當地運用讚美的方法，投對方所好，有時這樣做，可以收到意想不到的效果。

美國著名的柯達公司創始人伊士曼，捐贈巨款在羅徹斯特建造一座音樂堂、一座紀念館和一座戲院。為承接這批建築物內的座椅，許多製造商展開了激烈的競爭。

但是，找伊士曼談生意的商人無不乘興而來，敗興而歸，一無所獲。

正是在這樣的情況下，「優美座椅公司」的經理亞當森，前來會見伊士曼，希望能夠得到這筆價值 9 萬美元的生意。

伊士曼的祕書在引見亞當森前就對亞當森說：「我知道您急於想得到這批訂貨，但我現在可以告訴您，如果您占用了伊士曼先生 5 分鐘以上的時間，您就完了。他是一個很嚴厲的大忙人，所以您進去後要長話短說。」

亞當森微笑著點頭稱是。

亞當森被帶進伊士曼的辦公室後，看見伊士曼正埋首於桌上的一堆文件，於是靜靜地站在那裡仔細地打量起這間辦公室來。

過一會兒，伊士曼抬起頭來，發現了亞當森，便問道：「先生有何見教？」

祕書簡單的介紹亞當森後，便退了出去。這時，亞當森沒有談生意，而是說：

「伊士曼先生，在我們等您的時候，我仔細地觀察了您這間辦公室。我本人長期從事室內的木工裝修，但從來沒見過裝修得這麼精緻的辦公室。」

伊士曼回答說：「哎呀！您提醒了我差不多快忘記的事情了。這間辦公室是我親自設計的，當初剛建好的時候，我喜歡極了。但是後來一忙，一連幾個星期我都沒有機會仔細欣賞一下這個房間。」

亞當森走到牆邊，用手在木板上一摸，說：

「我想這是英國橡木，是不是？義大利的橡木質地不是這樣的。」

「是的，」伊士曼高興得站起身來回答說：「那是從英國進口的橡木，是我的一位專門研究室內橡木的朋友專程去英國為我訂的貨。」

伊士曼心情極好，便帶著亞當森仔細地參觀起辦公室來了。

他把辦公室內所有的裝飾一件件向亞當森作介紹，從木質談到比例，又從比例聊到顏色，從手藝談到價格，然後又詳細介紹了他設計的經過。

此時，亞當森微笑著聆聽，饒有興致。

亞當森看到伊士曼談興正濃，便好奇地詢問起他的經歷。伊士曼便向他講述了自己苦難的青少年時代的生活，母子倆如何在貧困中掙扎的情景，自己發明柯達相機的經過，以及自己打算為社會所做的巨額的捐贈……

亞當森由衷地讚揚他的功德。

本來祕書警告過亞當森，談話不要超過 5 分鐘。結果，亞當森和伊士曼談了一個小時，又一個小時，一直談到中午。

最後伊士曼對亞當森說：

「上次我在日本買了幾張椅子，放在我家的走廊裡，由於日曬，都脫了漆。昨天我上街買了油漆，打算自己把它們重新油好。您有興趣看看我的油漆表演嗎？到我家裡和我一起吃午飯，再看看我的手藝吧！」

午飯以後，伊士曼便動手，把椅子一一漆好，並深感自豪。

直到亞當森告別的時候，兩人都未談及生意。

最後，亞當森不但得到了大批的定單，而且和伊士曼結下了終生的友誼。

為什麼伊士曼把這筆大生意給了亞當森，而沒給別人？這與亞當森的口才很有關係。如果他一進辦公室就談生意，十有八九要被趕出來。

亞當森成功的訣竅，就在於他了解談判對象。他從伊士曼的辦公室入手，巧妙地讚揚了伊士曼的成就，使伊士曼的自尊心得到了極大的滿足，把他視為知己。這筆生意當然非亞當森莫屬了。

讚美和拍馬屁並不是一回事。

真誠的讚美源於內心的「美感」。當你真誠讚美別人時，心裡會有一種忍不住向對方表示欽佩和欣賞的衝動，就像有時忍不住要笑、忍不住要歌唱那樣。

而阿諛奉承、拍馬屁，都是言不由衷的。那不過是一種心計，也可以說是一種「投資」，藉以「收取」相應的利益。所以，在「讚美」別人時，心中卻是冷冰冰的。

真誠的讚美，是有事實作根據的，有美才可讚。而阿諛奉承卻是不顧事實，旨在投對方所好。

讚美還要看對象。人們由年齡、職業、地位的不同，愛好、脾氣、性格等也各有所異。因此，應當根據每類人的特點，用不同的方式，講不同內容的恭維話。

對於有地位的幹部，你如果說他生財有道、財運亨通，他必定不悅。如果你說他兩袖清風、廉潔自持、政績顯著，他聽了一定舒服。

由此可見，世人都喜歡恭維。但恭維要注意方式和內容，要有分寸，不流於諂媚，不傷人格，便是討人喜歡的方法之一。談判中，經常用得上讚美。

比如，向對方徵求意見，這也是一種對對方的間接的稱讚。

你可以問對方：「你認為如何？」

或說：「你說，我們該怎麼辦？」

也許有人認為它不能達到和直接稱讚相同的效果，但事實上，如果運用得當，它產生的效果可以比直接稱讚更好。談判中，如果能滿足對方在知識、能力、判斷力方面的自尊心，也是對對方的一種極好的稱讚。比如，你可以說：「我想，這件事情你一定很了解，請談談你的高見。」「你的確很有眼光。」「你決策確很果斷。」「對你的眼力，說實話，我佩服極了。」等等。

用這些話去讚揚對方，你就在雙方的關係中注入了濃厚的人情味。那麼，談判順利就是順理成章的了。

褒貶交替，能言促成

褒貶交替策略就是對談判對手的產品施加褒揚或貶斥的評論，最終使談判有利於己方的策略。

洛杉磯時代雜誌社記者瑪麗．史密斯想擁有一幢新別墅，這時，正碰上承包商葛米茲先生有一所別墅想出售，於是，瑪麗想找他談談，如果售價合適的話，便把它買下。

星期天一大早，瑪麗就駕著她的採訪車來找葛米茲先生。一見面，瑪麗便說：「我是洛杉磯時代雜誌的記者，不過今天不是來採訪您，我想，如果我們合作得愉快，以後會有這種機會的。我今天來是想看看您的這所房子，如果品質、價格都合適的話，我想把它買下，因為我喜歡這種白色瓷磚屋頂以及這粉紅色的大理石地面。」

葛米茲聽後非常高興，因為他沒想到竟會有買主這麼欣賞他的這所房子，而事實上，他想賣的幾所房子都已賣出，這是最後一幢，原以為這會成為他的難題。葛米茲從瑪麗的讚美聲中感覺到瑪麗的購買願望，因此他把價格抬得很高，要價 32 萬美元。

瑪麗雖不經商，但她當了多年的記者，她很善於在與人交流時巧妙利用褒貶交替的辦法制服人。瑪麗立刻反駁道：「葛米茲先生，這所房子是不值 32 萬美元的。首先它的品質就很差，白色瓷磚屋頂經常需要維修，這很費事，現在建房子人們為了有好的光線，一般是採用開天窗的辦法。我想，我最多只能出 25 萬元購買它。」

葛米茲也很厲害，他向來很會削弱反對意見，他說：「其實，現在的人購買房子，最重要的已不是考慮品質，而是它的外觀能否讓您滿意。當然，如果把價格降到 30 萬也是可以的。」

瑪麗便說：「是的，我是可以看外觀，但我丈夫大概不會同意，他很喜歡我們原來的房子。您看我把房子照片帶來了，我們原來的房子很有特色，品質也很好，而且我們住習慣了，但是，如果您可以把價格降下來，讓我們有能力購買的話，我會去說服我丈夫的。」

葛米茲看了瑪麗帶來的照片，說：「您們的房子已經到了該更新換代的時候了，現在已經沒有人住那種老式房子，您不覺得住在那種光線色彩暗的屋子裡感到情緒緊張、精神壓抑嗎？當然，如果您的丈夫很固執，您必須付出很多心力去說服他來購買我的房子，我也願意付出 2 萬美元的代價出售，您覺得 28 萬美元如何呢？」

瑪麗是很聰明的，她再三表示她是喜歡這所房子的，同時，為了壓低價格，她不停地找出這所房子的弱點和提出反對意見。最後，瑪麗說：「葛米茲先生，我確實很喜歡您的這所房子，但只是喜歡它的白色瓷磚頂和粉紅色大理石地面。我以前的房子是可以繼續住的，所以，如果您出價太高我就不買了，何況我丈夫不同意。但是，您何不想想，您的其他幾所房子都出售了，唯有這棟，已經 2 個月了也沒賣掉，肯定是沒人喜歡，而我一定是唯一喜歡它的人，您為什麼不便宜一點賣給我呢？難道想繼續留著它嗎？如果您覺得 25 萬美元會讓您虧本，那麼我願意加到 26 萬美元，但最多只能是 26 萬美元了。」

最後，葛米茲的房子在瑪麗的能言善辯之下，以 26 萬美元成交。瑪麗就是在讚美與貶抑聲中，使談判成功的。

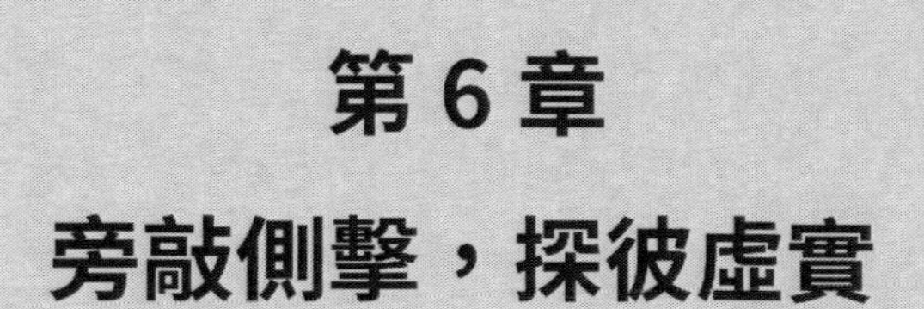

第 6 章

旁敲側擊，探彼虛實

投石問路，查探虛實

在旁敲側擊、探測雙方虛實的過程中，投石問路的技巧可以使談判者獲得更多通常不易獲得的資訊。

投石問路技巧應用的範圍相當廣泛，比如當你面臨眾多的談判對象而又只能選擇其一時，投石問路的技巧可以幫你探清對方的虛實，確定最佳的談判對手。

在談判過程中運用投石問路的技巧和方法，對於探測談判對手的談判立場和態度更有效果。

比如一個買主想買2,000臺電視。他找到了一個賣主，但並沒有直接提出他的要求，而是問：「如果我買200臺電視，每臺電視多少錢？」

賣主回答：「10,000元。」

「假如我要購買2,000臺電視呢？」

「假如我要購買5,000臺，10,000臺，價格又怎麼算呢？」買主不斷地投出手中的「石子」。

一旦賣主給出標價單，聰明的買主就能從標價上發現許多無法直接獲取的資料。比如透過分析，他可以大致猜想出賣主的生產成本、設備費用的分攤情況，生產的能量及價格策略等等。這樣，買主就可以得到購買2,000臺電視所應出價的最佳價格，在討價還價的過程中就可以「有的放矢」。

在談判過程中，有經驗的談判者正是運用這種方法獲取更多的資訊，然後進行比較、分析、判斷，為制定最佳的談判方案提供依據。在談判過程中，你手中可以投出的「石子」有很多，比如：

「假如我們訂貨的數量加倍，或者減半呢？」

「假如我們和你簽訂一年的合約呢？」

「假如我們增加（減少）保證金呢？」

「假如我們自己供給工具呢？」

「假如我們讓你在淡季接下這項訂單呢？」

「假如我們自己提供技術援助呢？」

「假如我們買下你全部的產品呢？」

「假如我們和你簽訂 5 年的合約呢？」

「假如我們要好幾種產品，不只購買一種呢？」

這些不斷投出的「石頭」會使對方神經高度緊張，但他們想要拒絕回答又很不容易的。因此，往往很容易就會向你亮出底牌。

除此之外，在運用投石問路的策略時，談判者還可以利用一些對對方具有吸引力或啟發性的話題與對方進行交流，藉以捉摸和探測對方的談判立場和態度。

一次，某食品加工廠為了購買某種山野菜與某土產公司進行談判。在談判過程中，食品加工廠的報價是每公斤山野菜 15 元。為了試探對方的價格「底線」，土產公司的代表採用了投石問路的技巧，一開口便報價每公斤山野菜 22 元，並擺出一副非此價不談的架勢。

急需山野菜的食品加工廠的代表著急了：「先生，市場的行情你都清楚，你怎麼能指望將山野菜賣到每公斤 18 元呢？」食品加工廠的代表在情急之中暴露了價格「底牌」，於是土產公司的代表緊抓住這點不放。「那麼，你是希望以每公斤 18 元的價格與我們成交了？」

這時，食品加工廠的代表才恍然大悟，只得無奈地應道：「可以考慮。」

最後，雙方真的以每公斤 18 元的價格成交。這個結果比土產公司原定的成交價格要高出 3 元。

如果土產公司的代表不是巧妙地運用投石問路的技巧逼出對方的「底牌」，是很難找到一個如此合適又使本方利潤最大化的價位與對方成交的。

投石問路的方法還有很多，比如有的談判者刻意透過傳訊、謠言、故意泄露「祕密」等方法，來探測對方的態度與反應。事實證明，透過這些管道來投石問路，有時甚至是一種不可替代的好方法，即使對方忽略了或拒絕了，也不至於失掉面子或者使談判實力受損。

運用投石問路的技巧和運用其他技巧一樣，事先都必須精心的策劃和準備，做到有的放矢，「石頭」投向何方，探什麼「路」，都要心中有譜。而且對對手投出的「石頭」，還應準備相應的反策略，這些策略包括：

弄清對方的談判動機。不少談判者與你接觸並不是要誠心誠意地和你合作，而只是想透過談判，收集情報，摸索行情，碰到這樣的對手，馬上中止談判，不要為它浪費時間。

如果對方向你索要多種產品的清單，你得要找出對方的真正目的，在對方真正感興趣的產品和數量上多做文章，不要讓對方利用投石問路占盡便宜。

不要對對方的「如果……那麼……」或者「假如……就……」等問話感興趣，這多半是對方設置的投石問路的圈套，真正弄明白對方的企圖，再作回覆。

四面出擊，探清弱點

在談判過程中，當你面對經驗豐富的對手時，常常會出現這種情況：你無法探清對方的利益所在，更無法知道對方的弱點。這時千萬不要聽天由命，誤打誤撞，而可以採用廣泛撒網、四面出擊的試探方式，從不同的角度提出一系列的問題，看對方作何反應。然後根據對方的回答，找出對方在哪些問題上表現出十分有興趣關注以確定其利益、弱點所在。對於這種試探，往往故意用一般的措詞來表達。

例如，一個買主審閱了賣方的一個報價後問道：「你方對此次供貨的價格做了很大的改動，因此在我們研究細節之前，你方能否完整地解釋一下，為什麼每臺電視機的價格都上漲了 500 元，是用什麼方法計算出來的？」對於這一類的試探，是很難回答的。賣方不知道買方是否在整體上同意他的建議，而任何全面的回答都可能提供給買方新的具體攻擊點。

事實上，這也正是四面出擊的目的所在。因此，如果你處在賣方的位置上，受到別人的試探，你可以透過巧妙的反問來限制對方提問的範圍，並更多地窺視對方的意圖。你的反提問可以參考下列方式：「如果這裡有什麼不妥之處，很抱歉。但我們非常樂意回答任何使你產生疑問的具體問題，能說說是什麼事情讓你特別擔心呢？」這樣一來，賣方除了要求買方更具體地闡明意見外，還提出了買方一定是對報價的某些方面感到不滿，並要求買方予以明確解釋。

漫天要價，就地還錢

在有些談判中，你無法弄清楚對方是否掌握了有關談判的資訊或不能確切地猜想對方掌握資訊的程度。這時，你可以試試採用漫天要價的方法來探聽對方的虛實。這種試探方式，也被稱之為跳傘式試探：就像一頂降落傘在空中打開，然後慢慢地落地。這種試探方式對於在討價還價過程中摸清對方的底牌很有用處。

甲方和乙方就供貨合約的談判已進入了討價還價的階段。這時，由身為賣方的甲方首先開價。

甲方：「剛才已經談到了，我們廠的產品不但在品質方面無可挑剔，而且售後服務工作也相當完善，現在在市場上供不應求。因此，我們認為此次產品的價格應定為 2 萬元。」這時對方可能有多種反應。

大吃一驚。「別開玩笑了，上次的價格才 1 萬 5 千元。你們的價格難道是在坐飛機嗎？」

很平靜。「哇，太高了吧！能不能再讓利一些？」

第一種反應表明對方對甲方的報價不能接受。這時，甲方就應考慮適當地降低報價。比如：「調價不是很正常嗎，因為在這批產品中我們採用了進口零件，品質性能都有了很大的提高。不過，我們也是老朋友了，當然可以適當再給一些優惠，1 萬 8 千元怎麼樣？」

如果乙方仍不能接受，甲方在不影響本方利益的前提下，還可適當地調整報價。

第二種反應表明，乙方對這個報價是有心理準備的，基本是可以接受的。這時甲方再稍作讓利，雙方即可成交。

迂迴進攻，巧知底牌

兵法有云：「知己知彼，百戰不殆。」這同樣適於現代商務談判。在商務談判中，對對方情況的掌握程度，直接決定著談判者在談判中的地位及整個談判的發展趨勢。每一個成功的談判者都非常重視在雙方的磋商交流中探測對方的底細。

但這並非易事，因為談判者為了在談判中處於有利地位，有更多的迴旋餘地，往往採取嚴密的保密措施，力求不讓對方抓住任何與本方「底牌」有關的蛛絲馬跡。在這種情況下，強攻是無效的，只有採取迂迴作戰，施展一些策略，運用一些技巧才會有所收穫。

一位供貨商在與某廠採購經理的談判中，想提高產品的價格，但他並沒有直接探詢對方的反應，而是聊了一些似乎不著邊際的話。

「我們想提高產品的品質，因此想知道你們廠對我們的產品有什麼意見，最好能幫助我們提供一些資料，我們好及時改進。」

「嗯，你們的產品品質還是不錯的，至於資料，我可以在談判後替你收集一些。不過據實測人員反應，你們產品的各項檢測指標均優於我們曾用過的產品。」

「噢，非常感謝。據說你們廠這兩年的效益非常好，規模越來越大，產品幾乎沒有任何滯銷。」

「是呀，幾十條生產線晝夜不停，產品、原料都是供不應求，忙死我了。」

供貨商聽到這裡，露出一絲不易察覺的微笑。

聰明的讀者，你知道供貨商為什麼笑嗎？

在這段似乎不著邊際的談話中，供貨商探測到了對己方非常有利的兩條資訊：①本方提供的產品在該廠的信譽非常好。②對方的庫存原料已經供不應求，存料馬上就要用光。工廠正面臨著極大的壓力，希望盡早結束談判以使生產不致因為原料的缺乏而受到影響。不知不覺間，對方自亮了「底牌」。

供貨商若想提高產品價格，就必須知道對方的弱點所在，並在此基礎上給對方製造壓力，讓對方不得不讓步。但他如果直接問採購經理：「我們的產品在你們廠曾用過的產品中是不是最好的？」同樣久經沙場的採購經理絕對不會輕易給他肯定的回答，把他送上談判中的有利位置。於是供貨商轉換了角度，以對顧客負責的姿態出現，詢問對方對改進產品品質的意見，使採購經理放鬆了警惕，輕易就把本廠對該產品的評價和盤托出。

在本次談判中，若想使採購經理同意提高產品的價格，至少應具備兩個前提：一是產品品質優秀；二是工廠必須急需。如果不具備上述前提，採購經理完全可以終止談判，轉而向其他供貨商謀求合作。

那麼，廠方到底有沒有急需供貨商提供的產品呢？這可以說是決定談判是否會取得成功的關鍵性因素。如果你直接向採購經理提出這個問題，那可真是天字第一號大傻瓜，而且不會得到任何有價值的資訊，反而會使對方對你的加價意圖有所察覺，自露馬腳。

於是，供貨商以讚美的口吻提起該廠的經營情況，頗為自得的採購經理哪能放過這個顯示實力的好機會，於是「產品及原料皆供不應求」就脫口而出。最有價值的底牌在供貨商的旁敲側擊中又被他攤開了。

供貨商根據掌握的資訊，提出了加價要求。採購經理一口回絕，甚至幾次擺出要立刻終止談判的架勢。已摸清對方「底牌」的供貨商不為所動，穩如泰山，不慌不忙地和他討價還價。最後，由於廠裡急需原料，談判再不結束就可能影響生產，採購經理只好同意了供貨商的要求。

這是旁敲側擊，迂迴作戰，探測對方虛實的成功例子，這些技巧對這次談判的成功發揮了決定性的作用。那麼，我們怎麼才能熟練地掌握，並在談判過程中巧妙地運用這些技巧呢？

最基本的前提：提到重點上，聽出話外音。

之所以稱它為最基本的前提，是因為下文介紹的一些具體技巧無一例外都是透過問與聽來實施的。

提到重點上，是透過針對性發問，從對方的答問中了解其具體情況的一種重要方法。

那何謂巧妙呢？簡單地說就是將所要提出的問題變換角度，給它一個令人迷惑的外包裝，使本來目的在於探測對手虛實的問題變成似乎與談判工作風馬牛不相及。角度變換得越精巧，包裝做得越漂亮，效果可能就越好。

上文中提到的那個供貨商，就很善於變換提問角度，比如他將「你方是否急需原料」這樣事關雙方成敗的問題巧妙地包裝成對該廠經營情況的讚美，使對方放鬆了警惕，輕易亮出了底牌；將「我們的產品在貴廠信譽如何」這樣任何談判者都不會給以正面回答的問題，從改進自身產品品質需要資訊的角度提出，同樣達到了摸清對方底細的效果。

善於傾聽，多賺利益

聽出話外音更是一門學問。俗話說：「言為心聲」，在雙方的磋商交流中，透過認真傾聽談判對手的談話，並仔細加以分析，可以幫助你獲得很多有用的資訊。因此，有經驗的談判者對傾聽的技巧都非常重視，認為善於傾聽是一個談判者所應具備的重要素養。善於傾聽可以幫助你發掘談判的事實真相，摸清對方的虛實。下面就是一個透過傾聽摸清對方底細的例子。

一位世界著名談判家的鄰居是一位醫生，在一次颱風過後，醫生的房子受到了嚴重的損害。醫生希望能從保險公司多獲得一些賠償，但自覺自己沒有這種能力，於是找到了這位談判家。

談判家答應幫忙，並問醫生：「你希望能得到多少賠償呢？」

醫生回答說：「我希望透過你的幫助，保險公司能賠償我 500 美元。」

談判家點點頭，然後又問道：「那麼請你實實在在地告訴我，這場颱風究竟使你損失了多少錢？」

醫生回答道：「我的房子實際損失應在 500 美元以上。」

幾個小時以後，保險公司的理賠調查員找到了談判家，並對他說：「我知道，像您這樣的專家，對於大數目的談判是權威。但這次您恐怕無法發揮才能了，因為根據現場的調查情況，我們不可能賠得太多。請問，如果我們只賠您 300 美元，您覺得怎麼樣？」

談判家沉思了一會，然後對調查員說：「你的顧客受到這麼大的損失，你居然還有心思開玩笑？任何人都不可能接受這樣的條件。」

雙方沉默了一會兒，理賠調查員打破了僵局：「好吧，您別把剛才的價錢放在心上，不過我們最多也就能賠到 400 美元了。」

談判家回答說：「看一看毀壞的現場，你就會知道這點錢是多麼微不足道。絕對不行！」

「好吧，好吧，500 美元可以了吧？」

「年輕人，別輕易下結論，我們再一起去看看現場吧！」

在談判家的一再堅持下，這一樁房屋理賠案的談判，最終竟以不可思議的 1,500 美元的賠償費了結，這大大地出乎了醫生的預料。

看到這裡，讀者可能還一頭「霧水」，談判家到底從理賠調查員的談話裡聽出了什麼？以至他放心大膽地與對方討價還價，甚至當對方已出到他和醫生預先設定的價格時仍不讓步。

原來，聰明而富有經驗的談判家從理賠員說話時的口氣裡，發掘出了談判事實的真相，找到了隱含在對方談話中的重要資訊。理賠調查員一開口就說：「如果我們只賠你 300 美元，你覺得怎樣？」注意，關鍵就在於這個極易被忽視的「只」字上，它顯示理賠調查員自己也覺得這個數目太小，有點不好意思開口。因此，他第一次所出的價格只是一種試探，絕不是最後的出價。在第一次出價後一定還有第二次，甚至第三次。在做出了這種判斷後，談判家在談判過程中牢牢地控制著局面，絕不輕易讓步。

可以說，在這次談判中，善於傾聽達成了決定性作用，它使談判家一下子就摸清了對方的虛實。因此，在與對方磋商交流的過程中一定要全神貫注地捕捉對方言語中傳遞的資訊，並透過分析捕捉到的資訊來了解對方不會直接表露出的情況。這也正是對其實施旁敲側擊技巧的目的所在。

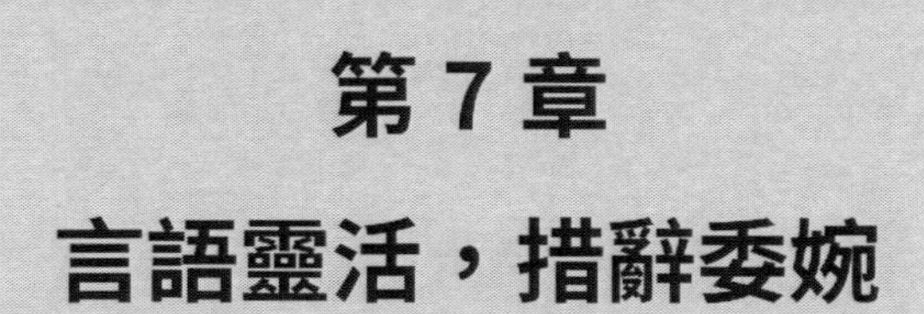

第 7 章

言語靈活，措辭委婉

腦筋急轉彎，隨機應變

談判中的急智，也就是一種隨機應變的能力。

這種應變能力，是指在談判中，自己或者對方的言語行為出現突發事件或意外情況時，能靈活地、迅速地、恰當地做出反應並處理。

談判形勢的變化是難以預料的，如果你能自始至終處於支配地位，那你就能保證談判效果按你的要求與意願發展變化。

但是，「天有不測風雲」，談判中有時候難免不被對方抓住空檔，乘虛而入。當你處於談判的被動局面時，擺脫困境的急智就非常必要了。

一般來說，優秀的談判家在經過長期的談判實踐之後，都具有沉著、機智、擺脫困境的特殊才能。

某位中國作家的應變能力就很令人欣賞。

有一次，一家英國電視臺採訪這位作家，現場拍攝電視採訪節目。

採訪者是個老練機智的英國人，他走近作家說：「下一個題目，請您毫不遲疑地用最短的一兩個字，如『是』與『否』來回答。」

他點頭認可。收音麥克風立即伸到他嘴邊。

記者問：「沒有文化大革命，可能也不會產生你們這一代青年作家，那麼文化大革命在你們看來是好還是壞？」

作家一愣，提問竟如此之「刁鑽」，他靈機一動，立即反問：「沒有第二次世界大戰，就沒有以描寫第二次世界大戰而著名的作家，那麼您認為第二次世界大戰是好是壞？」

回答得如此巧妙，使得英國記者愣住了，攝影機立即停止了拍攝。

作家以其人之道，還治其人之身，將球又踢給了對方，不僅擺脫了困境，而且轉敗為勝，對方無言以對。

某位亞洲著名的電影演員在回答美國記者的提問時，也是運用急智擺脫了困境。

美國記者問：在美國和歐洲，明星拍片，都有很高的收入，而你在自己國家的拍片待遇卻很低，對此有何想法？」

她回答：「我拍片是為了藝術，不是為了錢。只要是喜歡的劇本，就是不要錢我也演，而對不喜歡的劇本，就是給再多的錢我也不想拍。」

記者的提問是想陷對方於窘境，而她話題一甩，丟開了「待遇」問題，引出了「拍片是為了藝術」。這種避其鋒芒的迂迴，是一種常用的應變方法。

上述事例告訴我們，談判中，在即將或已處於困難條件下時，首先要沉著冷靜，以這種沉著冷靜的態度去調適心理，使之處於應變狀態。

不能被現成的既有的思考模式和心理結構所束縛，要善於根據不斷變化的新情況想出解脫的新招。面對非難、挑剔、攻擊、質疑，應該迅速地刺激和動員起你的思考力量。

在危急狀態下，若有任何惶恐、失措、緊張、混亂，都會很難尋找到變通的途徑與方式。

有位電視臺的女主播有一次向觀眾介紹一種摔不破的玻璃杯。幾次準備試拍都很順利，但不巧，正式播出時竟摔碎了。

如果女主播當時驚惶失措的話，就必定要出洋相。但她畢竟是個老練的主播，她非常鎮定地說：「看來發明這種玻璃杯的人沒考慮到我的力氣。」

幽默的語言，一下子使自己從窘境中擺脫出來。

聯想豐富，往往能說出許多「神來之語」。所以要提高應變能力，往往可以就對方、對方的話或身邊的事聯想開來。

《世說新語》曾記載過一個九歲姓楊的小孩，真是個天才。

一天，他家來了位叫孔平君的客人，他端出楊梅招待。孔平君指著楊梅對孩子打趣道：「此是君家果。」

沒料到孩子立即應聲答道：「未聞孔雀是夫子家禽！」

從對方的姓聯想開去，把孔雀稱為孔家禽，當即有力地回敬了對方。

談判中的急智，是一種高超的能力。一般來說，知識越淵博，閱歷越豐富的人，應變能力越強。因為他們的反應敏捷，在談判中遇到緊急情況時，能夠調動長期累積的生活經驗和各種知識來思考、解決。從而使「山窮水盡疑無路」，轉化為「柳暗花明又一村」。

擺脫困境的急智，既可以從成功的談判事例中有跡可尋，但似乎又沒有一定的規則。既是一種技巧，更重要的還是以智慧和經驗為依託的一種能力。

有了這種能力，無論談判桌上如何風雲變幻，無論發生了什麼事，人們都能憑著過人的機智、靈感、兵來將擋，水來土掩，見方則方，遇圓則圓，應付自如。

有意岔題也是應付突發事變的有效方法。

一次服裝特賣會上，一位店員正在向眾多的顧客介紹服裝的式樣，突然聽到有個顧客說：「式樣不錯，老點。」

這位營業員一聽，馬上機靈地說：

「這位客人說得對，我們設計的服裝式樣好，又是老品牌，品質保證，價格公道……」

其實，那位顧客說的是「式樣老了點」的意思，營業員怕其他顧客受他這句話的影響，因而靈機一動，利用諧音，岔開了對自己不利的話題，有效地把大家的注意力引導到對自己有利的方面。

談判中，要能岔題成功，一是要自然，就是指岔開的話題要與原來的話題能連得上，說得通。

二是岔題要及時。即在對方話題尚未充分展開之前，就以新的話題取而代之，使對方在不知不覺中離開原來的話題，將注意力轉移到新話題上去。

順勢牽連也是一種應變方法。

有次一位導遊為 8 位日本客人做介紹，當講完「八仙過海」的故事後，一位日本客人問：

「八仙過海漂到哪裡去了？」

這是一個難題，沒有人考證過。導遊一見眼前的 8 位日本客人，突然靈機一動，答道：

「我想，為發展兩國人民的友誼，八仙過海東渡到日本去了吧！」

日本客人一聽，高興得笑起來。

導遊的回答妙在把眼前的情景、巧合的數字（八仙過海，八位日本客人）順著客人的問話和兩國人民的友誼，自然地連了起來。

順勢牽連的應急藝術，的確能有效地使人從困境中擺脫出來，但是，必須注意，「牽連」得要巧妙，不能牽強附會，否則會弄巧成拙。

還可以運用一語雙關的應急方法。

二次世界大戰期間，英國首相邱吉爾到華盛頓會見美國總統羅斯福。

邱吉爾受到熱情接待，被安排住進白宮。一天早晨，邱吉爾躺在浴缸裡，抽著他那特大號的雪茄。門突然開了，進來的是羅斯福總統。邱吉爾大腹便便，肚子露出水面。兩位世界名人在此情景相遇，都非常尷尬。邱吉爾扔掉了菸頭，說：「總統先生，我這個英國首相在您面前可真是一點也沒有隱瞞呢！」說完，兩人哈哈大笑起來。

邱吉爾這一句風趣幽默又語帶雙關的話，不僅使雙方從尷尬的情景中解脫出來，而且借此機會再一次含蓄地闡述了自己的觀點和目的，促成了談判的成功。

婉言表達，靈活變通

談判中，往往會遇到面對對手，有時無法直接駁回其意見或建議的場面。這時你不妨用一些委婉的語言來回答對方。這樣，往往較易於被對方接受。

傳說在明代，有個地方新開一家理髮店，門前貼出一副對聯：「磨礪以須，問天下頭顱幾許？及鋒而試，看老夫手段如何？」這副對聯論文句妙則妙矣，但磨刀霍霍，殺氣騰騰，令人毛骨悚然。這家理髮店因而門庭冷落。另有一家理髮店，也貼出了一副對聯：「相逢盡是彈冠客，此去應無搔首人。」

「彈冠」取自「彈冠相慶」，含準備做官之意，此處又正合理髮之人進門脫帽彈冠。「搔首」，愁也。「無搔首」，即心情舒暢，這裡又指頭髮理得乾淨，人就感覺舒適。吉祥之意與理髮之藝巧妙結合，語意委婉含蓄。這家理髮店自然生意興隆。委婉，即在交談中不直陳本意，而是用婉轉之詞來暗示，使人思而得之，而且越揣摩，涵義越深，也越有有吸引力和感染力。委婉可以讓對方感到發人深省，可以做到柔中有剛，剛柔共濟，容易入情入理。談判中，有些事情直述其意可能會傷害雙方感情，這時，便應該採用婉轉的說法。

談判中，不要去評判對方的行為和動機。這是因為，世界上的情況大多很複雜，你的評判不一定正確，而判斷失誤最容易造成對方更大的不滿。此外，即使你的評判是對的，但由於直言的效果而失去了餘地，有時反而變得很被動。試看下面幾個例子：

父親走到孩子房間，說：「這地方看起來像個豬窩！」

太太對丈夫說：「你把我的話當耳邊風！把碟子放進水池之前，不會先把剩菜倒掉嗎？」

一位母親向孩子吼道：「你放的音樂太響了，鄰居都被吵昏了頭！」

一位談判者對對方說：「你對這些資料的分析，尤其是費用計算的方式全都錯了！」

上述幾例的說話者，都扮演了評判的角色。這種說話方式，因為不顧及對方的自尊心，即使內容正確，也會不知不覺影響其說服力。

要消除這種問題也不複雜，就是要把話中的「你」改成「我」，再把對對方的評判改為表達個人的情感、反應和需求，就委婉多了，對方也就容易接受了。

就上面幾例而言，經委婉改變後可以成為下面的說法：

- 每次看到這個房間沒有收拾乾淨，我就替你難受。
- 如果把碗盤的剩菜先倒乾淨再洗，我可以省一半時間。
- 音樂聲音太大打擾了我的安寧，我難以習慣。
- 我的資料和你有所不同，我是這樣計算的……

談判中，應該盡量使用委婉語言。如稱對手是「敵方」，就不如說成「對方」；說對方在「耍陰謀」或「耍心機」，就不如說對方「不夠明智」。店員與顧客談交易，最好把「胖」（尤其是女顧客）說成「富態」或「豐滿」；把「瘦」說成「苗條」或「清秀」等等。談判中，盡量避免說：「我要證明你的錯誤」這樣的話，這句話等於說：「我要使你明白，我比你聰明。」這種話等於是一種心理的挑戰，會引起對方的反感，使人在你還沒有開始說話時，就先有一種敵對的心理。假如你要證實一件事情，使別人明白他的看法是錯的，你就要巧妙地去做，使人心裡能夠接受。談判中，如果別人說了一句話，你認為有錯，即使他真的錯了，你也應該這樣說比較妥當：

「好了，現在你看我有另一種看法，但我的不見得對，讓我們看看事實如何。」或者說：「我也許不對，讓我們看看事實如何。」

你自己要確定一個信念，即使自己的看法絕對正確，也要慢一點說出自己的意見，尤其要避免用含有肯定意思的字眼。

例如：「當然的。」「無疑的。」等等。

要改用：「我想……」「我認為……」「可能如此……」「目前也許……」等等。

適當插話，語言回饋

談判中盡量不要打斷對方的話，這是對方的一種禮貌和尊重。

但是，談判中不要打斷對方的話，並不意味著始終保持沉默。傾聽中適當地插話也是必要的。

因為不時地語言回饋，能夠表明你一直在積極地聽。同時對方也可以在你的語言回饋中得到肯定、否定或引導，這對於談判順利進行是有利的。

適當地在談判中插話，關鍵在於適當。

一般來說，有這樣幾種情況是插話的契機：

- 對方說話稍有停頓時，你可以插話要求補充說明。如：「請再說下去。」「還有其他情況嗎？」「後來怎麼樣了？」像這類語言，可以使對方談興更濃，把更多的想法和情況告訴你。

- 當對方說話間借喝茶、抽菸思考問題或整理思路時，你可以插話提示對方。如：「這是第二點意見，那麼第三點呢？」「上述問題我明白了，請談下一個吧。」這類插話，承上啟下，給對方啟示和引導。
- 在對方談話間歇的瞬間，給予簡單的肯定的回答。如：「是的。」「沒錯。」「我理解。」「有可能。」「很對。」「我明白。」這種插話，可以表示對對方談話的贊成、認同、理解，使談判氣氛更加融洽和活躍。

談判中的插話，還可以使用「重複」和「概述」兩種方法。「重複」具有促使對方講下去，確認涵義，強調話題的作用。比如，當談判對手談及一個新的問題時，為了確認涵義或者為了突出其重要性，我們可以這樣來重複：「您的意思是不是……」「我想您大概想講……」「您認為這很重要嗎？」「重複」使用得及時和恰當，往往能使談判避免停頓和中斷，可以收到很好的效果。

在與條理不清處和句子組織能力較差的人談判時，應該抓住機會對他的言語進行一定的整理，以防其雜亂無章地滔滔不絕下去。這裡，比較有效的整理方法就是概述。

概述應緊扣主題，突出幾點，理出頭緒，去掉與主題無關的廢話，保證談判的順利進行。比如，我們可以這樣說：「聽您所說，大致有這樣幾個問題……」然後羅列幾個要點，使問題顯得清晰。

概述的方法很多：「您剛才說……」「依您的話講，這就是……」「總而言之，你認為不外乎……」

這樣的概述還給人禮貌的感覺。談判者往往喜歡別人理解自己的意思，如果你表達出他想說而沒能說清楚的話，就很容易贏得他的好感，而這對談判是有好處的。

但是，談判中要注意，插話的關鍵是「插」得適時。如果無休止地打斷對方講話，同時頻頻改變話題，那麼，會使對方感到談判無法進行下去。

例如下面的談判：

「請看，我們工廠最近生產的洋裝款式新穎，花色美觀大方……」

「說到美觀大方，我立即想起我們公司生產的百褶裙，那真是……」

「這種洋裝在國內是首創，一上市馬上被搶購一空！真是難得的暢銷品……」

「要說暢銷貨，我們公司百褶裙真是料想不到的暢銷，年輕女孩，中年婦女，甚至老年女性也都喜歡穿，真是……」

如此這般地打斷對方的講話，會造成談判中斷停止。

為了使談判順利進行，一定要及時回答對方的問話，同時不失時機地與對方展開討論等等。但是說話必須掌握分寸，適可而止。如果你口若懸河，滔滔不絕，嘮叨個沒完，絲毫不給對方插話的機會，有可能會將自己不應給對方知道的意圖暴露出來。同時，對方也會對你產生厭倦情緒。

唯命是從，模糊應答

談判中，問題的提出隨意性很強，內容無所不包，尤其是在一些質詢性的談判中，經常會碰到一些不能直接回答但又不能不回答，或一時無法回答但又必須回答的問題。

這時候，談判者可以巧妙地使用模糊語言來應對。模糊語言可以擺脫困境。

項羽自尊為霸王後，想謀殺劉邦。范增出主意說：「等劉邦上朝，大王就問他：『寡人封你到南鄭去，你願不願意去？』如果他說願意，你就說他意圖養精蓄銳，有謀反之心，可以拉出去殺掉；如果他說不願意去，你就以其違抗王命殺掉他。」

劉邦上殿後，項羽一拍桌，厲聲問道：「劉邦，寡人封你到南鄭去，你願不願意去？」劉邦答道：「臣食君祿，命懸於君。臣如陛下坐騎，鞭之則行，收轡則止。臣唯命是從。」項羽一聽，無可奈何，只好說：「劉邦，南鄭你就不要去了。」劉邦說：「臣遵旨。」

劉邦的回答，妙在他丟開了項羽問話的前提，使用了模糊語言——「鞭之則行，收轡則止，臣唯命是從」，從而躲過了殺身之禍。

有位富豪一次舉行記者招待會時。會上有位女記者問富豪：「你已是 62 歲的人，看上去氣色異常地好，你如何注意自己的身體健康？是否經常運動，或者有特別飲食？」富豪回答說：「謝謝妳，我是一個東方人，我是按東方人的生活方式生活的。」

顯然，富豪必須回答這個記者的刁難提問，但又不可能也沒有必要將自己的飲食起居規律告訴對方，於是用模糊語言進行了回答，收到了令人叫絕的效果。

在外交談判中，這種模糊應答法是一種常用的方法。

比如：

「我們將在適當的時候訪問貴國。」

「對此，我們已經注意到了。」

「很遺憾，我無可奉告。」

「這一點，我們大致……」

「這幾個問題大致上……」

「就整體而言……」等等。

這裡使用了模糊語言的意義，既回答了對方的提問，又為以後的關係發展留下了迴旋餘地。談判中運用模糊語言，一定要注意語言環境。在不該用的地方用了模糊語言，那就會影響效果。

比如有一位青年到某工廠找人，未經警衛同意就直接往工廠裡跑。

警衛門衛攔住他，問：「你找誰？」

他說：「我找人！」

問：「找什麼人？」

答：「找人就是找人！」

警衛火了，說：「我就是個人！你要找沒名沒姓的人的話沒有！」

為此，兩人吵開了。

這位青年亂用模糊語言「人」，激怒了警衛，結果事情沒有辦成。

外交談判中，尤其更要慎用某些傳遞重要資訊的模糊語言。

著名足球運動員迪亞哥．馬拉度納在與英格蘭球隊相遇時，踢進的第一球，是頗有爭議的「問題球」。當記者問馬拉度納，那個球是手球還是頭球時。馬拉度納機敏地回答：「那個進球，一半是因為馬拉度納的頭腦，一半是因為上帝之手。」

這個回答頗有心計，如果他直言不諱地承認是手球，那麼對裁判的有效判決無疑是「恩將仇報」。但如拒絕承認，又有失「世界最佳球員」的風度。而這妙不可言的「一半」與「一半」，等於既承認了球是手臂撞入的，頗有「明人不做暗事」的大將風度，又在規則上維護了裁判的權威。

「後臺老闆」，尋找藉口

談判中，需要尋找一些藉口，使自己在談判中更具靈活性。「後臺老闆」，就是談判中一種巧妙的藉口。在討價還價時，可以無中生有地為自己製造一個「後臺老板」的種種要求和壓力作用於討價還價的對方，以此來增強自己的攻勢，削弱對方的力量，增加對方的壓力。「後臺老闆」可以是上司，也可以是家長或親友。請看實例：

買方：請問，雞蛋多少錢一斤？

賣方：10 元一斤。

買方：我媽說，7 元以上的不要買。

賣方：如果真想買，給你稍便宜一點，9 元一斤，怎麼樣？

買方：不行啊，這個價錢買回去是會挨罵的。

賣方：你媽是在嚇唬你，別怕，你不會挨罵的，放心買吧！

買方：會的，我媽說話從來是算數的。

賣方：我可不管你挨罵不挨罵，如果要，就 8 元一斤，不要就算了。

買方：那好吧，來兩斤。

再看一個例子：

賣方：這種毛衣 250 元一件。

買方：你賣得太貴了，我幫朋友買的，他只給了我 200 元。

賣方：那你幫他墊，回去再跟他要吧！

買方：不行啊，他說就買這個價錢，再貴他就不要了。

賣方：那你改買那種毛衣吧，那種毛衣便宜一點。

買方：那也不行，那種毛衣又薄，顏色又不好看，他一定不會喜歡。

來自「後臺老闆」的壓力各種各樣，可以是對價格的控制，也可以是品質上的要求，還可以是金額上的限制。

買方在談判中為自己製造一個「後臺老闆」，用「後臺老闆」的種種壓力作用於賣方，好像在談判雙方之間設置了一個屏障。使賣方在討價還價時，不能進行正面攻擊，從而感到無能為力。

其實，「後臺老闆」是子虛烏有的，這不過是買方的一種討價還價策略。正因為是子虛烏有的，所以具有很大的靈活性。你的壓力可有可無，可輕可重，使對方防範困難。

在談判中運用這種策略時，買方最好事先向對方揭示一下，讓對方確信，買方是替別人買東西的，自己手中的權力有限，有時甚至不能做主。

這種提示，有時也等於告誡賣方：你別太貪心，即使我同意接受你的價格，別人也不一定會同意。「後臺老闆」這種策略，在買賣交易方面可以運用，在莊嚴的談判桌前，照樣也可以運用。因為道理是相通的。

打破僵局的妙招

談判中有時雙方對一些問題各持己見，誰也不肯讓步，這時談判就可能陷入僵局。這種對峙且又毫無進展的局面，顯然是雙方都不願意看到的。

因此，要盡量設法避免出現僵局。

但是，在僵局已經形成的情況下，應該採取什麼樣的對策來打破僵局呢？

在談判僵局之下，你必須具有足夠的耐性與擁有不急於達成協議的條件，才有可能等待對手提出新方案。日本人在談判中所表現出來的持久性耐力是舉世聞名的。因此，你如果想等待對方提出新方案，必須具有長期等待的心理準備。所以，你若希望盡快打開僵局，消極等待便不是上策。

如果做出一定的讓步呢？

這種做法雖然有可能打破僵局，但這樣常常會使談判朝著不利於你的方向逆轉。

因為，這暴露出你急於求成的心理。對方會利用你這種心理，迫使你做出讓步。你一稍作讓步，對方就會認為你軟弱，因此往往得寸進尺，以謀求更多的利益。

面對這種情況，你如不步步退讓，就只有硬碰硬，結果又出現了僵局。

轉變談判的主題是打破僵局的辦法之一。

在談判中通常是大家心照不宣。談判一旦陷入僵局，彼此都在等待對方先作讓步，以便乘虛而人，因此雙方開始比耐心。

但是，如果雙方都不肯妥協讓步，這樣僵持下去對大家都沒有好處。因此，以一種適當的方式來打破僵局，是此時談判雙方的一種願望。

這種情況下，一方主動轉變一下談判主題，從側面表示希望雙方共同努力來打破僵局，對方如果真有談判誠意，對你的言外之意當然一清二楚，一般會做出相應的反應。這樣，就有可能打破僵局，使談判能進行下去。

當然，談判中出現僵局，從某種意義上來說，並不一定是壞事。有些經驗豐富的談判者，常常把相持不下的僵局作為一種策略，在出現僵局的情況下，往往更能試探出對方的決心，誠意和實力。

想要打破談判僵局，有些具體措施可以參考。

比如：

- 更換談判人員。
- 改期再談。
- 找一個調解人。
- 向對方多提供幾個方案，使其有更多的選擇餘地。
- 對商品的規格、條件做一些適當的修改。
- 說些笑話，緩和緊張氣氛。

比爾先生的經歷

談判中，有時費了許多力氣，仍然無法獲得你所想要的東西，這時候，你可以撇開目前的對手，去尋找更高層次的對手。你商談的層次越高，就越有可能滿足你的要求。因為，更高層次的人，能了解普遍適用的規則並不意味著能涵蓋每一個特定的案件。他們會注意到整體的狀況，並且能夠預測不當的處理可能造成的糾紛。最重要的是，他們擁有更多的決定權。

任何時候，都盡可能不要和缺少決定權的人談判。如果你考慮要和一個人打交道，首先要弄清楚：這個人是誰？跟他打過交道的人有些什麼經驗可以借鑑？這個人是什麼職位？他能做哪種決定？當你把這些弄清楚之後，你就可以很有禮貌地直截了當地問他：「你能改善這種狀況嗎？」「你能幫我解決這個問題嗎？」「你有權力現在就採取我所需要的行動嗎？」如果答案是否定的，那麼，你就該考慮找更高層次的談判對手。

比爾先生因為搭乘的飛機誤點，在一個暴風雨的天氣中，半夜才艱難地到達旅館。比爾先生的西裝又皺又潮，鞋子溼了，胃不舒服，而且累得精疲力竭。他熱切地渴望能跳上那張已經預定好的單人房內的床。櫃檯接待員看了比爾一眼，然後用平淡的聲音緩緩地說：「是的，您已經預定了房間，但是我們沒有房間了，這種事情偶爾會發生的。」

比爾先生先把行李放在地毯上，然後對自己說，櫃檯接待員只是一個單純反應、毫無思考能力的機器，她的行為就像是一個寫好程式的機器人或電腦。

比爾先生將其他的解決之道在腦海裡想了想：

—— 旅館可能可以給你一套房間；

——或者可以在會議室裡擺張床；

——或者讓你使用套房的浴室。

於是，比爾先生開口說：「這樣吧……有沒有雙人房呢？若是雙人房也沒有了，是否可以住貴賓套房？我知道你們有會議室，是否可以在會議室內擺張床呢？」

接待員擋回來說：「不行的，我們不能這樣做。我看，你還是設法另找一家旅館吧！」

比爾先生回答：「我可不願意再到別家旅館去。我很累而且想睡了，就要睡在這裡。麻煩你，讓我跟你們總經理談談（比爾先生知道這麼晚總經理是不會在的，他要讓這個職員知道他的決心）。」

職員苦著臉，拿起一個專線電話小聲的說了些話，隨後夜班經理出現了。比爾先生重複了他對雙人房、會議室或其他可行辦法的想法。夜班經理查了查房間表，皺著眉說：「我們是還有一間貴賓套房，只是價錢是單人房的兩倍。」

比爾先生冷靜、堅定地說：「不應該有絲毫加價，因為我是預定好房間的！」

夜班經理嘆了口氣，說：「價錢就是這樣了，您是要還是不要呢？」

比爾先生思索了一下，說：「我要了。」

第二天早上，比爾先生的帳單送了上來，當然，比原先的房錢多了一倍。比爾先生要求見總經理。見到總經理後，比爾先生告訴總經理，他很驚訝旅館不能兌現預定的住房約定，他願意聽聽總經理對這件事的解釋。結果是，總經理對此事表示抱歉。比爾先生只需付單人房的價錢。

第 8 章

虛實結合，巧用暗示

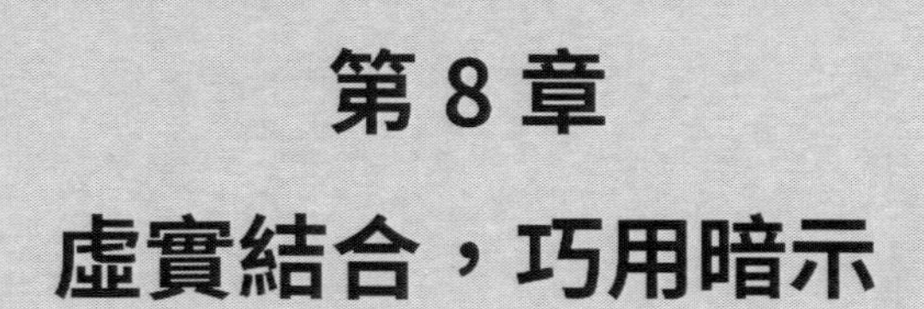

一語雙關，巧妙暗示對方

巧用暗示，即利用一定的語言條件和背景條件使話語產生言外之意。暗示常採用雙關語、多義詞、同音詞、反話等手法，使語言產生弦外之音。恰當地運用暗示，可以在談判中不致於導向僵局，又能達到迫使對方讓步的目的，使談判能夠順利地向更有利於自己的方向發展。

某家公司與日商進行貿易談判，各方面都已談妥，唯有在價格問題上，日方寸步不讓。如何迫使對方讓步？公司代表提了一個問題，「請問，貴國生產這種產品的公司有幾家？貴國產品是否優於 × 國與 × 國的同類產品？」言下之意是暗示對方，這類產品並非只有你一家，如果價格不變，我們將考慮選擇別家。又比如，一次，某鄉公所所長為了加強幹部管理，在工作考勤等方面作了一系列規定。決定由一位資深老員工負責考勤登記。這位老員工認為這工作容易得罪人，不願意接手。說自己過去就是因為辦事太認真，得罪了不少人，這是吸取了「教訓」。

聽了他的話，鄉公所所長很委婉地講了一個故事：某電影導演，為拍一部電影四處尋找合適的演員。一天，發現了一個合適的人選，便通知她準備試鏡。她十分高興，燙了頭髮，換上新衣，對鏡子左照右照，總感到自己兩顆尖尖的「虎牙」不好看，於是到醫院把虎牙磨平了，後來，她興致勃勃地去報到，導演見到她，失望地說：「對不起，妳身上最珍貴的東西被妳自己當缺陷給毀了，影片已經不需要妳了。」

故事講完後，這位老員工懂得了「堅持原則，辦事認真」，正是自己最珍貴的，於是他愉快地接受了這項任務。

真真假假，虛虛實實的策略

對於那些愚笨、貪心或者不夠幸運的人，這個策略有效的原因是由於這些人喜歡談判，可是又不願意去做太辛苦的工作，他們會被誘入設好的圈套中。虛虛實實的策略就是為了對付談判對手，在一席談話中摻雜著真實與虛假的情況，同時表現出嚴肅認真、鎮定自若的神情，致使對方信以為真，而使最終結果有利於己方。

1984 年，臺北的一家公司想辦理 K 生產線的引進。經過貨比三家之後，選擇了美國的 G 公司。G 公司駐港機構代表 E 先生來臺北洽談。我方與 E 先生在價格上的談判很困難，對於我方的減價要求，E 先生的回答傲慢無禮：「你們不要搞錯，我們不是日本公司，也不是香港公司，而是美國公司。美國人是不講價的。」事實上，E 先生本人也是一位華裔人士。在我方的一再堅持下，E 先生又說：「給你們點面子，可以讓價 1%。」為了對我方施加壓力，他又下了最後通牒：「我已經買好了後天回香港的機票，如果你們有誠意，必須抓緊時間編寫合約。」

第一個回合宣告結束，在這種困難的情況下，我方推出經驗豐富的談判能手鄒先生出場。鄒先生在談判開始時，先和對方寒暄，他問：「E 先生，你是什麼時候去香港的？」E 先生答：「7 年了。」鄒先生又問：「住在什麼地方？」E 先生答：「九龍。」「原籍是哪？」「廣東東莞。」這時有人插話說「我們鄒先生也曾在香港工作多年。」這是鄒先生有意安排的，提醒對方，不要出了代表美商就瞧不起亞洲人了，接著鄒先生又說：「我方在座的各位，是這個專案的全權代表，我們說的話是算數的。如果我們談妥了合約條款，你能代表美國 G 公司簽字嗎？」開場的幾句對話，給對方來了個下馬威，消除了對方的傲氣。

談判話題轉到商務條件上來，鄒先生拿起一份資料對 E 先生說：「這個專案有幾家外商感興趣，從報價來看你們開的是太高了。」其實，G 公司的報價比其它兩家低 10%，這一點是虛的。E 先生有些懷疑地問「你說高，高多少？」這個問題並不是很容易回答。鄒先生思考了一下說「高 13%。比如說，設備。」設備是真的，而 13%是虛的。中間有著虛虛實實，鄒先生神態自若。對方也基本上相信了。便說，要較大的降價幅度，就需要與美國總部聯繫一下。鄒先生沒有窮追不捨，他輕聲地對身邊的人說「E 先生後天就要回去了，另外那家外商談判方何時到？」被問的人機智地回答：「E 先生走後的第三天。」這個情況是虛構的。由於 E 先生「偷聽」到了我們的交談，客觀上造成了真的作用。他本來想用後天回港來壓迫我方，而現在我方卻掌握了主動權，E 害怕生意會被別人搶去，所以接下來的幾天他抓緊時間與美國總部聯繫，連吃飯、睡覺的時間都犧牲掉了，就這樣很快合約就簽妥，談出的價格也十分理想，對方願意讓價 12%。

但是，在談判過程中，還要提防，對方採用一種所謂的「虛虛實實」策略：先提供很好的條件，結果什麼也得不到。而對付這種人最有效的方法是只要看到有信用不好的跡象，就趕快躲得遠遠的。這也是對付這一種「虛虛實實策略」的策略。

以遠利誘惑的談判策略

在某個工業化國家，有一家剛剛開業的電燈泡公司。公司董事長為了打開銷路，做了一次旅行推銷，旨在激發代理商的銷售熱情，使他的產品能滲透到各級市場。

在某地，董事長召集所有的代理商，就達成代理合約進行談判一事。董事長率先發言說：「經過幾年的苦心研製，本公司終於生產出來了對日常生活大有用途的產品。儘管我們公司的產品還稱不上是第一流，而只是位居第二流，但是，我仍然要拜託各位，以第一流的產品價格購買本公司的產品。」在場人的人聽了董事長的話都感到莫名其妙。「咦！董事長的話沒有說錯吧？誰願意以第一流產品的價格來買第二流產品呢？董事長本人不是也承認那是二流產品了，那當然要以二流產品的價格成交呀！董事長怎麼能講出這種話呢……。」全場的人都把驚奇的目光投向了董事長。大家以為董事長會對剛才的話做出更正，可沒想到董事長接著說：「各位，我知道你們一定會感到奇怪。但是，我仍然要再三拜託各位！」有人請董事長說明理由，董事長回答說：「大家都知道，目前，燈泡製造業的一流企業，全國只有一家，因此，他們壟斷了市場，大家都必須接受他們壟斷後的高價。如果有同樣優良的產品，但價格便宜，難道這不是大家的一種福音嗎？這樣，你們就可以不必按那家一流企業開出來的價格去成交了。」董事長見大家似有所悟，便繼續說：「我們大家都熟悉拳擊賽，拳擊大王阿里的實力是無人可以忽視的！但是，拳王之所以成為拳王，是因為有人和他對抗，使他在拳擊賽中取勝。現在，燈泡製造業中就好比只有阿里一個人，沒有一個實力相當的對手和他打擂臺賽。如果此時，出現了一位競爭對手，把優良的新產品提供給大家，你們一定能賺得比現在更多的利潤！」

又有聽者發言說：「董事長，你說得很精彩，可是，到哪裡去找那位阿里呢？」董事長認為時機已到，便迅速回答：「我想，另一位阿里由我來做好了。諸位是否清楚，為什麼目前我們公司只能製造第二流的燈泡呢？我們公司處於初創時期，資金不足，在技術開發、新產品開發上都力不從心，如果各位肯扶持我們以一流產品的價格購買本公司的二流產品。這樣，我們就能籌集到一筆技術改造費用，不久的將來本公司一定會製造出物美價廉的產品，燈泡製造業也將出現兩個阿里，競爭會使產品的品質提高，價格下降。此刻，我懇請各位伸出援助之手，幫助我演好『阿里的對手』這個角色，幫助我們公司度過難關，對於各位的支持我會銘記不忘，並會重重酬謝的！因此，我拜託諸位以一流產品的價格購買我公司的二流產品！」

董事長話音剛落，便響起了熱烈的掌聲，談判在感人的氣氛中達成協議。董事長獲得了成功。

這位董事長就是利用遠利誘惑的策略征服了談判者，對於談判對手來講，以一流產品的價格購買二流產品，是短期利益的損失，但是從長遠來看，當該廠的資金雄厚起來之後，可以製造出物美價廉的燈泡與主要壟斷企業競爭必然帶來品質上升價格下降，這對於談判對手來講是遠期利益的增加，這位董事長也正是以遠利來誘惑了談判者。

用心良苦的投其所好策略

「投其所好」，常常作為一個貶義詞為人所鄙夷，這主要是因為「投其所好」者的目的一般是自私、不可告人的。如果目的是光明磊落的，那麼「投其所好」也不失是一種有用的策略。談判過程中，掌握「投其所好」的策略，往往會使談判能得到圓滿的結局。

紐約的某麵包公司遠近馳名。他們的麵包暢銷各地，可是附近的一家大飯店卻沒有向這家公司購入任何麵包。公司經理兼創始人每週都去拜見這家飯店的經理，已持續了 4 年多時間，真可謂是窮追不捨。經理絞盡腦汁做了種種努力，如參加飯店主持的各種活動，以客人的身分住進飯店等。可是即使如此，一次又一次的推銷麵包的談判都以失敗而告終。其用心良苦，4 年多的努力怎麼能夠半途而廢呢？

這位經理意識到問題的關鍵是找到實現談判目的的技巧。他一改過去的做法，開始對飯店經理本人非常關注起來。他調查了飯店經理的愛好和熱衷的事物，了解到飯店經理熱衷於美國飯店協會的事業，是協會的會長，並且一直堅持參加協會的每一屆會議，不管會議的時間、地點如何。於是經理下功夫對該協會做了較透澈的研究。他再去拜訪飯店經理時閉口不談麵包的事，而是以協會為話題，大談特談，這果然引起了飯店經理的共鳴。他神采飛揚，興趣濃厚地談了 35 分鐘有關協會的事項，而且還熱情的請該經理加入該協會。這次「談判」結束以後，沒過幾天，他就接到了飯店採購部門打來的電話，請他把麵包的樣品和價格表送去。這個消息著實讓他驚喜萬分。飯店的採購人員也好奇地說：「我真猜不透你使出什麼絕招，才讓我們老闆賞識你。」經理慶幸他終於醒悟，明智地找到了打動飯店經理的「投其所好」策略，否則的話，恐怕他仍跟在飯店經理身後而窮追不捨呢！

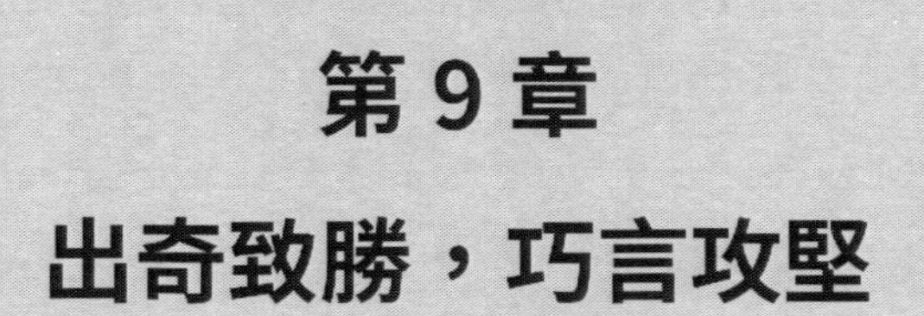

第 9 章

出奇致勝，巧言攻堅

透過「換檔」掌握談判主動權

談判中的所謂「換檔」，就是在談判進行時設法改變中心議題。身為談判者，你若能將「換檔」的技術嫻熟地運用，那麼，不管任何談判，主導權都將操縱在你手中。

前蘇聯的談判專家便是「換檔」的能手。在美蘇戰略武器限制談判中，他們便一再使用改變、轉移論點的「換檔」技術，縱橫捭闔，控制了全場。

有時候，談判雙方或單方會急欲獲致某種程度的協議。譬如，你想買進對方所持有的某種頗具影響力的資產（公司、專利、土地、名畫、鑽石、古董或馬匹等等），那麼，為了使「換檔」的技術在談判中發揮效果，最重要的，就是不讓對方察覺到你的意圖。你可以顧左右而言他，可以裝作漠不關心的樣子，也可以聲東擊西。總之，如果被對方察覺到你「購買欲極強」的意圖，他必然會想盡辦法來對付你，使你難遂所願。

對方如果有意中止談判，便不可能眼睜睜的聽任你採取隨意改變話題的「換檔」技術，除非此一話題他非常感興趣，或者對談判本身非常重要。當然，如果你的談判對手是個經驗不足或缺乏衝勁的人，那就另當別論了。

在重要的談判中，當你想改變話題時，應事先向對方說明之所以改變話題的理由，以取得其諒解，進而毫無異議的接受你的提議。

有一位談判高手參加過一件談判內容極為複雜的談判，為了掌握談判的主導權，從談判一開始，他便充分的運用「換檔」的技術，從價格查估問題到文字解釋問題，再從文字解釋問題到信用問題，如此反反覆覆，隨心所欲地轉換議題。不過，在每一次轉換議題之前，他總會事先說明之所以轉換的理由，以取得對方的了解。就這樣，對方終於跌進了「換檔」技術的迷陣中，因而退至防衛線上。

在談判中，對方一旦退至防衛線上，你便等於向前邁進了一大步，取得優勢了。

美國的談判人員在日本往往吃虌，因為在反應上，他們經常會出現發窘或緊張的交頭接耳。相反地，日本人則是天生的沉默高手。他們認為沉默有下面這樣一些妙處：

- 沉默往往有鼓動對方開口的作用，並且可能使對方吐露出助益良多的情報。
- 沉默會使人對你的觀點產生信心，因而可能使對方讓步。
- 沉默可以打破談判節奏，不失為一種策略上的遁逃方式。
- 沉默很容易讓對方想到最壞的打算。

談判中，如果碰到像日本人這樣讓你吃悶虧的對手，那該怎麼辦呢？「換檔」自然是一付妙藥。當然你也可以保持鎮定，不動聲色 —— 但要是想打破沉默的話，那就來個顧左右而言他，不要繼續原先的話題。待你「換檔」之後，對方便已沉默不了。

巧用激將法，開啟積極性

談判中激將法的運用，是指透過激將法調動對方的積極性，開啟對方的談判興趣，進而達成理想的協議，及時簽約。

激將法的運用主要講究一個「巧」字，因此並不是指在任何場合下都可以使用激將法。巧言激將需要有一些特定的環境和條件，如當有些人的自尊心受到自我壓抑，或者由於遭受打擊、犯了錯誤等種種原因而產生自卑感，我們用其他方法不能使之接受我們的意見和主張時，我們就故意貶低他、刺激他，從而把他的自尊心、自信心激發起來。

下面就是一個在談判中巧用激將法的案例：

屏東某橡膠廠曾進口一整套現代化膠鞋生產設備，但由於原料和技術力量跟不上，設備白白擱置了 3 年無法使用。後來，新任廠長決定把它轉賣給臺中的一家橡膠廠。在正式談判之前，屏東這家橡膠廠了解到對方的兩個重要情況：一是該廠經濟實力雄厚，但基本上都投入到生產中，如果要馬上騰挪 200 萬元添置設備困難很大；二是該廠廠長年輕志大、自負好勝，幾乎在任何情況下都不甘示弱，甚至常以拿破崙自喻，不相信有什麼辦不到的事。古人云：知彼知己，百戰不殆。對對方工廠的內情有所了解之後，屏東廠長決定親自與臺中廠長直接談判。

屏東廠長：經過這兩天的交流與了解，我詳細了解到了貴廠的生產情況，你們的經營管理水準確實令我肅然起敬。廠長年輕有為，能力非凡，有膽識，又有魄力，著實令我由衷欽佩。可以這樣斷言，貴廠在您的領導下，不久的將來將成為臺灣橡膠行業的翹楚。

臺中廠長：您過獎了！我身為一廠之長，年輕無知，希望能得到您的賜教。

屏東廠長：我向來不會奉承人，只會實事求是。貴廠今天經營得好，我就說好；明天經營得不好，我就說不好。昨天，我的助理從屏東打來電話，總廠裡有個棘手的事等著我，催我一兩天內返回工廠。關於我們洽談的進口西德製造的現代化膠鞋生產設備的轉讓問題，經過在貴廠觀摩了一天後，我的想法又有所改變了。

臺中廠長：有何高見？

屏東廠長：當然談不上高見。只是有點擔心、疑問蠻多的：第一，我懷疑貴廠真有經濟實力能在一兩天裡拿出這麼多資金；第二，懷疑貴廠是否有或者說能應徵到管理操作這套設備的技術力量。所以，我並不像原先那樣確定將設備轉讓給貴廠後，能使貴廠 3 年內青雲直上。

臺中的年輕廠長聽到這些，認為受到屏東廠長的輕視。十分不滿，於是不無炫耀地向屏東廠長介紹了自家的經濟實力與技術力量，表明完全有能力購買和管理操作這套新設備。這樣一來，臺中廠長為了急於炫耀和購買，迫於時間壓力，就不好再在價格上設置障礙，斤斤計較了。在激將法的作用下，為了顯示臺中方的大廠風度，臺中的年輕廠長很爽快地答應了屏東廠長 200 萬元的報價，並當即擬寫了協議，雙方簽約，握手共慶。

經過一番言語盤旋，屏東廠長成功地將「休養」了 3 年的設備轉賣給臺中廠長。

由上述案例可見，激將法運用得好，確實能使談判向對自己有利的方向發展，從而掌握談判主動權，順利達到簽約的目的。那麼，在談判中，我們運用激將法應掌握哪些要點呢？

使用激將法要講究「對症下藥」

使用激將法之前一定要看準對象，被激的一方必須是那種能夠激得起來的人，還要有強烈的自尊心，方能取得良好效果。此外，還要根據不同的對象採用不同的激將方法，猶如治病，要對症下藥。

比如諸葛亮就十分善於在摸準對方底細的基礎上，對症下藥地採用激將法：

三國時諸葛亮為聯吳抗曹，來到東吳和孫權進行一場面對面的外交談判。諸葛亮知道孫權年少英武，不甘居於人下，但也了解到孫權也頗有謀略，並非是沒有頭腦的莽漢。

諸葛亮見到孫權後大談曹兵之多，「曹軍水兵、步兵、騎兵總共有百萬之眾啊！』孫權大吃一驚，追問：「哪有那麼多呀？」諸葛亮一筆一筆地算來，最後算出曹軍有一百五十餘萬。他說：「我只講百萬，恐怕已嚇破江東人的膽了！」這句話的刺激性可不小，孫權連忙問道：「那我是戰還是不戰呢？」諸葛亮見自己已掌握主動權，便說：「如果東吳人力、物力堪與曹操抗衡的話，那就戰；如果您自認敵不過，那就降。」孫權不服，反問：「像您這樣說的話，劉豫州為何不降呢？」此話正中諸葛亮下懷，他進一步使用激將法說：「田橫不過是齊國一個壯士罷了，尚且能堅守氣節，何況我們劉豫州是當今皇叔，蓋世英才，安能投降，受人擺布？」孫權一聽這話，立即允諾與曹軍決一死戰。

諸葛亮對孫權採用的是暗激法，它是透過「旁敲側激」委婉地傳遞刺激的資訊給對方。如果諸葛亮在這次談判中採用直激法，顯然是不可能成功的，說不定還會激怒孫權，破壞雙方合作。

看準時機，注意分寸

前面談到激將法講究一個「巧」字，這就表現在運用激將法時要看準時機，如出言過早，時機不成熟，反而容易使對方洩氣；出言過遲，又成了「馬後砲」。此外，言語要注意分寸，不痛不癢的話當然不行，但言辭過於尖刻，勢必會引起對方反感，造成不必要的麻煩。

因此說，看準時機和注意分寸，也是在談判中使用激將法這一策略時所要十分注意的。

巧妙拒絕的談判藝術

在某些商業談判當中，你即使無法答應對方的要求，也不要斷然予以拒絕，這樣會使你的對手感到沒面子，也會為你們今後的合作道路設置障礙。商場上有句諺語，叫「失去了朋友，你就失去了市場。」所以，不要輕易地傷害你的客戶 —— 談判對手。即使你無法與之達成協議，也應當選擇一種比較合適的方式，用委婉體面的話語告訴對方。

對方報價太高，經過磋商，無法達成一致，該怎麼辦？應當先提出自己的理由，然後才委婉地拒絕對方。當然，這個理由要合乎情理，盡量不要惡語傷人，劍拔弩張。

例如，你可以說：「經過這麼長時間的洽談，加深了彼此的了解。但由於我們的權利有限，我們回去後把您的最低報價匯報給上司，審核後再給您答覆。」

這樣，不但可以避免談判破裂時彼此的尷尬，也會給你反悔時留有一定的時間和餘地。隔兩三天後再給對方一個電話或一封信，彼此面子上也都好看。

常見的拒絕對方的理由有：財力不足，無法承擔；原料不足，無法供應；時間太緊，人力不足等等。即使你真正拒絕的理由都不是這些，也應該這麼說。這總比下面這樣說，使別人聽起來中聽：

「你們定的價格實在是太高了，真是貪心不足蛇吞象。對你們的暴利行為，我們堅決表示抗議，並拒絕達成協議。」

這話一說出口一下子便反目成仇，從此商場上又少了一個朋友。

如果善於運用拒絕，在適當的時候表示拒絕，你的談判條件將會立刻增加。

英國足球經紀人麥迪，由於善於把握時機說「不」，因而在為一個球員爭取豐厚報酬的談判中取得相當好的效果。

這名足球隊員叫強森，身體條件和球技都很出色。當時有兩個足球隊爭取他。一是帕爾馬隊，一是馬德里隊。

麥迪思考一番之後，打電話給帕爾馬隊的老闆說：「尊敬的先生，經過一番思索之後，我決定不再做這筆生意，請不要再打電話給我。」然後，又給馬德里隊老闆打了同樣內容的電話。

第二天，兩足球隊老闆同時飛到麥迪身邊，經過一番討價還價，最後終於達成協議，這時的報酬是剛開始談時的幾倍。

麥迪之所以敢說「不」，是因為他知曉強森的實力，這是任何一支球隊都想得到的一名極有價值的球員。表示拒絕，實際是為自己再次談判增加籌碼，掌握談判主動權。

當然，如前所述，當你不同意對方的意見的時候，一般不要直接表示拒絕，盡量用一些稍微溫和一點的否定性詞語來表達。

關於談判之道，一位行家曾這樣說：「一個老謀深算的人應該對任何人都不說威脅之詞，不發辱罵之言。因為二者都不能削弱對手的力量。」

出其不意，提出時間限制

這一策略主要是在談判桌上給對方一個突然襲擊，改變態度，使對手在毫無準備的形勢下遭受重擊而變得不知所措。

比如對方本來認為時間很寬裕，但突然聽到一個要終止談判的最後期限，而這個談判是否成功又與自己有莫大關係，不可能不感到手足無措。由於他們很可能在資料、條件、精力、思想、時間上都沒有充分準備，在經濟利益和時間限制的雙重驅策下，可能不得不屈服，在協議上籤字。

美國著名企業家艾科卡在接管瀕臨倒閉的克萊斯勒公司後，認為第一步必須先降低工人薪資。他首先將高階職員的薪資降低 10%，自己的年薪也從 36 萬美元減為 10 萬美元。隨後他在與工會的談判中宣稱：「17 美元一小時的工作多的是，20 美元一小時的工作一件也沒有。」

採用這種毫不講策略的強制威嚇當然不會奏效，工會當即拒絕了他的要求。雙方的談判僵持了一年，始終沒有任何進展。後來艾科卡心生一計，一天他突然向工會代表們說：「你們這種間斷性的罷工，使公司長期無法正常運轉。我已跟勞工中心透過電話，如果明天上午 8 點你們還不開工的話，將會有一批新工人頂替你們的工作。」

工會談判代表一下子不知所措了，他們本想透過談判，以便在薪資問題上取得新的進展，因此他們也只在這方面做了資料和思想上的準備。未曾料到，艾科卡竟會出這麼一招！被解聘，意味著他們將失業，這可是很嚴重的問題。工會經過短暫的討論之後，基本上接受了艾科卡提出的所有要求。

艾科卡經過一年的拖延戰都未能使工會讓步，而出其不意的一招竟成功了，而且贏得乾淨俐落。

出其不意，提出時間限制這一策略講究一個「奇」字。如果失去了「奇」的前提，往往就會效果不佳。特別是一旦對方有了最壞的打算，並作出準備，最後通牒便失去了它應有的威力。

美國奇異公司在與工會的談判中就曾頻繁採用「提出時間限制」的談判技術長達 20 年。在談判開始的時候，這個方法屢屢奏效。但在 1969 年，工人終於忍無可忍。他們料到談判的最後肯定又是故技重演，又要以提出時間限制相要挾，在做了應變準備之後，他們放棄了妥協的可能性，促成了一場超越經濟利益的罷工。

因此，運用時間限制這一談判策略時，一定要注意如下幾點：

- **出其不意，提出最後期限**：要求談判者必須有堅定的語氣，而且不容通融。運用此道，在談判中首先要表現得語氣舒緩，不露聲色，在提出最後通牒時轉為語氣堅定，不可使用含糊不清的話語，使對方存有一線希望，乃致於不願意即刻簽約。因為談判者一旦對未來存有希望，想像將來可能會為自己帶來更大的利益時，就不肯做最後讓步。所以，堅定有力、不容通融的語氣會替他們下定最後的決心。
- **提出時間限制時，一定要是明確、具體的時間**：在關鍵時刻，不可說「明天下午」或「後天上午」之類不明確的話，而應該是「明天下午 2 點鐘」或「後天上午 9 點鐘」等具體的時間。這樣的話會使對方有一種時間逼近且無法更改的感覺，使之沒有心存僥倖的餘地。
- **用具體行動支持你所提出的最後期限**：用具體行動來印證你所提出的最後期限，勢必會使對方更加確信你的最後期限。具體做法如：收拾行裝；與旅館作最後的結算；預訂車船機票；購買禮品等。
- **由談判隊伍中的領導者發出最後通牒將更具可信度**：一般人認為，人的級別越高，講出的話越有力量，越可信。當然，使用突襲這一策略必須掌握談話分寸，不可言過其實，要努力把自己擺在一個堅定而又溫和的談判務實主義者的立場。這就需要：抓住對方急於成交的心理，促使其產生心理壓力；不要過分貪婪，應有適當的讓步；堅持用客觀條件說服對方，使其心悅誠服，而非壓制、強迫；不要趾高氣揚的以威勢壓人。

製造談判對手之間的競爭

製造競爭是談判中效果最好的技巧之一。它利用人們普遍存在的競爭心理，盡可能地尋找類型相同或相似的談判對手，進行同一標的的談判，這樣就可能在他們之間製造出競爭。俗話說「同行是冤家」，他們為了爭取這一標的談判的成功，必然會提出不同的優惠條件，從而就可以用來壓制不同對手的談判要求，爭取最大的利益，達到坐收「漁翁之利」的目的。

也許有人會問，現實中並非任何時候都有那麼多的談判對手可利用，當只有一個對手的情況又該怎麼辦呢？那也很簡單，可以假想出一個「第三者」來壓制對方，當然，這種「製造」的過程必須天衣無縫，否則只會適得其反了。要使用製造競爭的技巧，必須注意以下幾點：

- 對市場充分了解，熟知類型相同的企業；
- 事先要做好使用這一技巧的心理準備；
- 不被某一家的報價所迷惑，堅持執行廣泛的接洽。

應該說，在今天這樣開放的世界市場中，它本身就充滿了激烈的競爭。所以說，在任何形式的經濟談判中，製造競爭都不難。

利用休會打破僵局

「休會」是談判中呈現膠著情況時所慣常採用的方法。運用得當時，有澄清氣氛、去除壓力、重新開始的功能。

「休會」的另一重要特點是出其不意的作用。如果你的對手占了上風，或談判進行方式令你不安之時，休會是有效的逃避方法。其功能如同拳擊手扭住對手不但使對手不能出招，而且自己可以重新扳回應有的態勢和鎮靜。

如正在進行中的談判毫無進展，而現在所用的方法又很難打破僵局，雖然有一方提出代替方案的建議，可是還是沒有足夠的動力誘使雙方脫離現在所爭論的話題，進入較有成功希望的領域。你此時便可當機立斷，站起來向你的對手宣布：「我看我們雙方都太用心了。或許這是我們談判毫無進展的原因。我建議我們暫時中止談判，一小時之後再續會。」接著，在你的對手有機會考慮你的建議之前起身，隨即離開。

你的休會行動有兩個主要結果：其一，所有的緊張空氣和爭論頓時消失。其二，由於你採取主動離開，讓你的對手處於不得不沉思、自省的地位。在絕大多數場合，這方法對你有利，因為它能促使你的對手考慮他的言行是否有有待商榷、需要改進之處，不然你怎會離去。

續會時，你可以嘗試採用新的方法或談判其他領域的內容，如此便可以避免先前的僵局；雖然有時回到原先爭論的話題也是很好的。

這個技巧和棒球打擊手厭倦投手的心理遊戲時所用的技巧是一樣的。如果投手試圖以拖延戰術困擾打擊手的話，打擊手也可以採取類似休會的手段，離開打擊區。通常他所需做的只是舒展四肢、伸伸懶腰，其中重要的是慣例、常規的打破。如果投手一直在製造緊張的話，他的企圖已經失敗了，因為打擊手只要離開一下打擊區，便改變了整個情勢。在談判中你也可有效地使用同樣的策略。

務必要認清的是，休會、離席並不是意味著失敗、失望。它是企圖扭轉不利情勢的積極作為。你休會、離開的舉動正象徵著你對對手換一種方式聲明：你希望談判成功，以及你願意嘗試使用必要的任何方法促使談判達成協議。

談判中並沒有規定你不能中斷談判。

當談判進行不順時，簡單、有效的對策就是休會，然後續會。中間休息時間不但對你有利，也能激起對手的內省與思考。

巧用媒介，借局布陣

美國南北戰爭接近尾聲的時候，市場上的豬肉價格奇貴。商人亞默爾認為這只是暫時現象，一旦戰爭結束，豬肉價格馬上就會跌下來。他密切注視戰事的發展，等待著市場即將發生的轉變，以便抓住時機做一筆大生意。

一天，他在讀報紙的時候，一則很普通的新聞吸引了他。新聞說，一個神父在羅伯特．李將軍的營地遇到幾個小孩，人們手中拿著許多錢問神父什麼地方可以買到麵包和巧克力。孩子們告訴神父已經兩天沒有吃到麵包了。神父問，你們的父親呢？孩子們回答說，他們的父親是李將軍手下的軍官，也是幾天沒有吃到麵包了，帶回來的馬肉很難吃。

亞默爾讀完這則消息，立即作出判斷，南軍缺少供給已盡人皆知，但這件居然事發生在李將軍的大本營裡，而且已經到了宰馬吃的地步，說明戰爭結束已近在咫尺了。

他見時機成熟，就立刻到東部市場與銷售商進行談判，提出了一個大膽的「賣空」銷售合約：以較低的價格賣出一批豬肉，不過約定延遲幾天交貨。當地的銷售商當然樂於進貨價格較低，可是他們卻沒有料到戰爭即將結束，市場的價格會迅速下跌。

結果不出亞默爾所料，沒過幾天，戰局和市場都發生了根本的變化，而有心人亞默爾也從中淨賺了 100 萬美元的巨額利潤。

由以上案例我們可以看出，聰明的亞默爾就是透過報紙這一媒介了解了戰爭即將結束，從而實行了大膽的「賣空」銷售，從而輕鬆獲利。

媒介，是一個由此及彼、由遠及近的傳播工具，它在談判桌上往往有著一種不可替代的傳播作用。在古代社會中，由於交通、知識等局限，媒介的作用及效果並不明顯。而在當今的資訊社會中，隨著傳媒的飛速發展，資訊的流通速度越來越快，資訊的承載量越來越大，而媒介在談判中充當的角色也越來越重要。

基於媒介是談判雙方傳達資訊的仲介者，它肩負著資訊的傳遞和情報資料的承載雙重作用，因此，媒介的傳播具有以下幾個特點：

- **時間性**：談判是一個動態的過程，談判雙方的態度和意圖透過這個過程而表現出來，而談判的實力也將隨著時間的發展而變化。所以，我們說，媒介的傳播具有時間性。
- **傾向性**：輿論選擇的內容一般都帶有一定的色彩，身為談判者，應該領會並掌握這一層次的效果，只要對某一事件作了傳播，即使不做任何評價，傳播行為本身就會有一定的影響力。
- **暗示性**：在談判桌上，媒介可以是語言、文字、圖片、照片、錄影等等。談判者在談判的時候，為了正確地表達自己的意圖而又不讓對手有所察覺，談判者在使用媒介時應注意運用暗示性語言和動作。這是因為傳播過程中的資訊是能夠影響人的意識狀態的。
- **方式性**：建立資訊網路，為傳播提供了諸多的形式，可供談判者多方面的選擇。為了在談判中既準確又迅速地實現自己的既定目標，談判者應在可塑性方面下手，這表示談判者選擇媒介要準確，反映程度要合理，同時又要能讓己方收到預測中的回饋資訊。

從媒介傳播的特點我們不難看出，媒介的巧妙運用往往成為談判較量中關鍵性的一環。在上述的談判實例中，我們可以看到，亞默爾能夠在南北戰爭中，巧用時差戰術，就是利用了媒介傳播的時間性這個特點，準確地預測出戰爭即將結束，訂立了「賣空」銷售合約，從戰局和市場的變化這個空隙中大賺一筆。

避己所短，揚己所長

在談判中，如果你不可避免地處於劣勢，那麼你應該盡量縮小你和對手之間的差距，最起碼不能讓對手瞧不起你。這裡面的關鍵，就看你能否避己之短，揚己之長了。

戰國時期的鄭國談判代表燭之武之所以能夠憑著三寸不爛之舌說退秦晉 10 萬聯軍，正是因為他揣摩猜透了對手的心思，嫻熟地運用了「避己所短，揚己所長」的談判謀略。秦晉兩國勢均力敵，互為威脅，且兩國毗鄰，隨時都有發生軍事衝突的可能，所以晉國的強大一直是秦穆公的一塊心病，兩國間的聯合是暫時的。燭之武就抓住這一點，離間秦晉聯軍，同時又以假話來迷惑對手，說鄭國知道自己必死無疑了。既然這樣那麼對一切都無所謂了，從而將挽救鄭國的真實目的隱藏了起來，使秦穆公產生錯覺，以為燭之武真的是「為秦國的利益而來」。從而轉化了談判的氣氛，化敵對為友好，最終讓秦穆公退兵，挽救了自己的國家。

在使用「揚長避短」談判謀略的時候，要結合該謀略本身的特點遵守兩項原則：

- **「揚長避短」要帶有誘惑性**：用你自身的優勢吸引對手的時候，必須讓他在誘惑面前忽略了你的劣勢。比如魚販在市場賣魚的時候，如果是早晨，他可以這樣叫賣：「快來快來呀，新鮮活魚，100 元一斤。」那麼，他所強調的是魚的「新鮮」，而避開了魚價的昂貴。在下午的時候，他可以這樣叫賣：「快來快來呀，魚肉便宜賣，70 元一斤。」他所強調的是魚價的便宜，而避開了魚的新鮮。

- **「揚長避短」要帶有挑戰性**：正因為己方在談判中是處於劣勢，所以，在讓對手忽略這一點的時候，還必須讓他感覺到你的實力。

在雙方對等的談判中，如果對方已明知你毫無實力，那麼，你不論使用什麼計策、什麼樣的花言巧語、什麼樣的威脅口氣，那都不會產生任何效果。

燭之武巧舌退秦師

戰國時期，秦晉兩國聯軍進攻鄭國。面對強敵壓境，鄭文公派遣燭之武出使秦國，勸說秦穆公退兵。燭之武來到秦國，見到秦穆公後這樣對他說：「我雖然是鄭國的大夫，但這次卻是為了貴國的利益而來的。」秦穆公聽了之後一聲冷笑，說：「你分明是奸細，還花言巧語，說什麼為我國的利益而來。既然這樣，你就說出個道理來，否則我就把你拉出去斬首。」面對此情此景，燭之武鎮靜自若，侃侃而談：「秦晉兩國聯合攻鄭，鄭國必敗無疑。然而鄭國在晉東，而貴國在晉西。彼此相隔千里，中間又隔著晉國，如果鄭國滅亡了，貴國能隔著晉國來管轄鄭地嗎？鄭國只會落入晉國之手。秦晉毗鄰，國力相當，一旦鄭被晉所吞，晉國的力量就會超過秦國，晉強而秦弱。為了幫助別國兼併土地而削弱了自己的力量，恐怕不是智者的作為。」

秦穆公聽了這一席話語，微微皺了皺眉頭。燭之武看了他一眼，接著說：「如今，晉國增兵略地，稱霸諸侯，何嘗把秦國看在眼裡。一旦鄭國滅亡，勢必向西進軍，侵占秦國的土地。」聽到此時，秦穆公連連點頭說：「大夫所言，極有道理。」於是吩咐左右，給燭之武賜座。燭之武坐下之後，趁熱打鐵地說：「如果承蒙您的恩惠，鄭國得以繼續存在，那麼，以後秦國在東面有事的話，鄭國將身為『東道主』，負責招待路過的秦國使者和軍隊，並提供糧草。」

秦穆公聞此言大喜過望，馬上和燭之武簽訂了盟約，宣布從鄭國撤軍，同時還答應留下3名將領帶著2,000名士兵，幫助鄭國戍守邊界。如此一來，燭之武順利地完成了鄭文公交給他的使命，瓦解了秦晉聯軍，拯救了面臨亡國命運的鄭國。

如何在劣勢中求合作

商務談判的過程，是雙方利益既對立又統一的過程。在商務談判過程中，雙方的利益必定存在著一定的衝突，但又都需要在對方認可的情況下透過合作來實現雙方各自的利益，所以說，合作，是商業談判永恆的主題。

下面，介紹幾種求得合作的基本方法。

坦誠認錯，取得諒解

俗話說，智者千慮，必有一失。商務談判人員也是一樣。尤其是商務談判進行過程中，談判人員的大腦高度緊張、思緒繁雜、反應需要極快，難免會出現一些錯誤。這些錯誤既有觀點上的，也有表達上的，也有行為方面的，有些錯誤甚至影響極大，能直接關係到談判的成敗。因此，如何對待在商業談判中出現的錯誤，成為一個十分關鍵的問題。

但是，身為商務談判人員，即使你由於一時不慎，犯了錯誤，也不要大驚小怪，懊惱不已。在商務談判中出現問題和偏差是正常現象，關鍵在於如何對待錯誤。如果你能誠懇、主動地承認錯誤，同樣可使雙方的合作正常進行；如果拒絕認帳，甚至繼續為自己的錯誤行為辯解，就會阻礙談判的正常進行。

任何人都願意與值得信賴、坦誠質樸的人合作，能承認自己的錯誤說明你敢作敢為，魄力超凡，從這一點上講反倒是好事。對方聽了你的致歉，絕不會繼續怪罪，緊抓著不放，窮追不捨，大多數都會做出某種諒解的表示。

因此，為了挽回錯誤所造成的影響，談判人員應該主動承認錯誤，誠懇致歉。但在承認錯誤時，應僅就錯誤之處檢討自己，切勿涉及其他，更不要擴大自己的影響力，同時堅持自己正確的立場，不要隨意否定，在以後的談判中要倍加謹慎，避免再次出錯。

直訴困難，請求關照

是指在商業談判過程中，直訴自己的實際困難和艱難處境，求得對方的同情和諒解，以爭取合作的一種方法。這種方法一般是在雙方合作關係較好，而自己又有實際困難的情況下使用。如己方資金不足，技術力量薄弱，已多年虧損等。但談判人員在使用這種方法時應注意，其要求一定要合理，是雙方都能接受的價格條件，絕不能低三下四，靠乞討去求得合作，實現自己的目標。

在實際應用中，這個策略常被以各種方式使用，其中有合適的，也有不妥當的，需要冷靜分析。

以下例子提供參考：

「請你們不看僧面看佛面，無論如何也幫我們一把，我們一輩子也忘不了貴公司的恩情的。」「這麼一來，我回去無法交差，老闆一氣之下會把我炒魷魚的。」「我已經沒有退路了，再退，就墜崖了。」等等。

在使用這個方法請求合作時，一定注意不要喪失人格和尊嚴，直訴困難也要不亢不卑，坦率體面。

因勢利導，促成合作

是指透過分析對方易接受的觀點，從雙方共同點入手，達到溝通利益，促成合作的方法。雙方可作為共同點的話題很多，如雙方談判利益上的共同點，工作上的共同點，興趣、愛好上的共同點等。在個別情況下，雙方還可以透過彼此都能接受的第三者為雙方的媒介，促進雙方的溝通。

雙方存在的共同點，是雙方溝通的橋梁和紐帶，也是說服對方的基礎。在商業談判中，雙方應立足於求同存異，然後因勢利導，擴大戰果，加大合作的領域。因為雙方之所以坐到談判桌上，就是本著合作的目的，共同點本來就已存在，隨著談判的進展，因勢利導，共同點會越來越多，雙方在心理上的疑慮和戒備心理也會逐漸減輕，最後雙方達成一致意見，開始了合作。事實證明，「因勢利導，促成合作」，是雙方相互理解的有效方法，也是雙方走向合作的良好途徑。

推敲用語，說服對方

在商業談判中，說服對方的目的，是為了求得合作，而說服必然需要一定的語言技巧，對用詞要認真推敲，下面介紹幾種在說服對方時應注意掌握的語言技巧：

要以充滿信心的態度去說服對方；讓對方認識到，你對他的幫助非常感謝；直率地說出自己的希望；反覆向對方說明，他的協助對於你的重要程度；要表現出親切、友好的態度；要讓對方知道，對雙方的合作，你感到很開心。在具體用詞上，也要注意推敲，如在表達自己的情緒時，要多用「憂慮」、「擔心」「希望」、「懇請」、「欣慰」一類比較柔和、歡快的詞，避免使用像「氣憤」、「惱怒」、「不解」、「遺憾」等比較生硬、令人難以接受的詞。

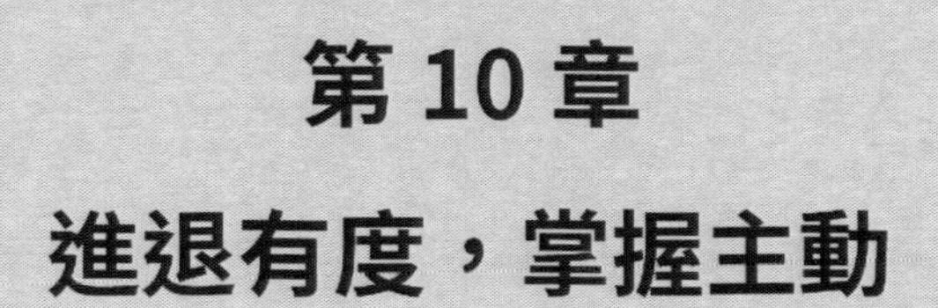

第 10 章

進退有度，掌握主動

留有餘地，不要把話說滿

英國外交家薩道義爵士在其著名的《外交實踐指南》一書中說，「談判不僅需要運用聰明的智慧，還需要有能屈能伸的精神。」一般來說，成功的談判都需要互諒互讓、留有餘地。

談判的過程是智力、能力競爭的過程。談判內容、受到談判者的思想情緒、周圍環境等多種因素的制約，談判的過程一般來說總是複雜多變的，出現節外生枝、始料未及的情況是經常有的事。因此，談判中，尤其是剛開始時，說話一定要注意分寸，不能把話說滿，說話要具有一定的彈性，給自己留下可以進退的餘地。

運用模糊語言是談判中經常使用的使己方留有餘地的重要手段。模糊言語的靈活性強，適用性也強。談判中對某些複雜或意料之外的事情，不可能一下子做出準確的判斷，就可以運用模糊語言來避其鋒芒，給出有彈性的回答，以爭取時間來作必要的研究和制訂對策。如在外交會談中，客人友好地邀請主方去他國訪問，主方應按照禮節高興地答應下來，但往往由於種種原因，不能輕率地確定具體日程，這時常以模糊語言作答：「我們將在適當的時候去貴國訪問。」這個「適當的時間」可以是一個月、一年、幾年，甚至更長時間，具有相當的靈活性。這樣既不使對方感到不快，又不使自己為難。

又如對某些很難一下子回答的要求和問題，可以說：「我們將盡快給你們答覆。」「我們再考慮一下。」「最近幾天會給你們回音。」這裡的「盡快」、「一下」、「最近幾天」都具有彈性，可使自己避免盲目作出反應而陷入被動局面。

在商品經濟日益發展的今日，一個企業在產品銷售、原料購置過程中，相互競爭的情況已是司空見慣。這樣的化，對這一企業來說就必然面臨選擇哪一方為貿易對象的問題。在這整個過程中，談判就又有了「探測器」的功用，此時說話留有餘地就更顯得重要，它可使企業進退自如，獲取最大的利益。

某服裝公司新設計的冬裝款式新穎，一上市就十分搶手。因此準備購進一大批布料大量生產。消息不脛而走，很快就有當地和外地的幾家紡織廠的推銷員洽談生意。該公司也有意先派出採購科的一般人員與之接觸。在洽談過程中，一方面了解各廠的情況，但都不拍板簽約，而以「貴方的意思我定會轉告公司高層，只要品質可靠、價格合理，我想是會被考慮的」等這類留有餘地的話來作答。透過談判在摸清情況、反覆權衡後才確定了其中的一家（外地的），布料物美價廉，僅此一項該公司就獲益不小。

在貿易談判中，賣主在談判開始時提出的要價一般都偏高，然後在談判中的適當時機再作某些讓步，這樣做有利於達成協議。但這並不意味著開價越高越好，而應使對方聽起來要價雖高，但不苛刻，有討價還價的餘地。若是提出不切實際的過高要求，使對方聽起來荒誕離奇，不僅不能收到良好的效果，反而有害於談判的順利進行。

不久前，西德某公司銷售經理率團來臺推銷焊接設備，其圓滑熟練的談判技巧，很值得借鑑。談判時，德方將一套焊接設備先報價為 40 萬美元，並聲明這是考慮到初次交易為了贏得信譽而給出的優惠價，經我方反覆討價還價，德方的報價逐漸降低到 27 萬美元。德方經理做了個手勢開玩笑地說：「27 萬美元賣給貴公司，我是大大地虧本，回去怕要服藥自殺了。」最後以 27 萬美元達成協議。其實，後來據打聽所知，該公司這套設備以往也是 20 幾萬美元價格多次出售。40 萬美元只不過是留有報價餘地罷了。

這一策略從表面上看與開誠布公相牴觸，但也並非是絕對的，二者的目標是一致的，都是為了達成協議，使雙方都滿意。只是實現目的的途徑不同而已。不可忽視的是，該策略如何運用要因人而異。一般說來，會在兩種情況下使用這種留有餘地策略：

- 用於對付自私狡猾、見利忘義的談判對手。
- 在不了解對手或開誠布公失效的情況下使用。

石油大王漢默巧賣天然氣

美國億萬富翁漢默的一生中，除了引人注目的才能 —— 充分利用政府政策和政府官員之外，還有一個特別的才能，就是和人交流談判時的精明果斷、機智靈活。

1961 年之前，漢默的公司主要生產酒類、鉛筆、做進出口貿易，經營採礦業，他的石油公司規模很小，銷售額和利潤只占生意中的極小一部分，1961 年，漢默的石油公司在小小的奧克希爾鑽通了加利福尼亞州第二大的天然氣田，這個天然氣田的價值猜想至少 2 億美元。幾個月之後，公司又在附近的布倫特伍德鑽探出了一個蘊藏量非常豐富的天然氣田，價值可望達到 5 億美元，如果立即找到需要天然氣的顧客，並立即投入生產，這時對漢默公司的前途無疑是一個極大的商機。

漢默把他的幾個親密助手請來，商討如何將產品打入市場，他們共同的願望是與太平洋煤氣與電力公司簽訂為期 20 年的天然氣出售合約，這樣便可以長期穩定地保證生產和銷售的最佳進行。

主意拿定後，漢默沒有充分地作好商談的準備：如何引入此話題，如何確認這一合約將對雙方造成的利害關係等等，他匆匆忙忙趕到太平洋煤氣與電力公司，沒想到卻碰了一鼻子灰。太平洋煤氣與電力公司這個時候是非常神氣的，因為他們已經有了充足的貨源，並找到了穩定的用戶，因此他們最近已經耗費巨資從加拿大的艾伯塔省買下了大量的天然氣，並準備從艾伯塔到舊金山海灣區修建一條天然氣管道，大量的天然氣從加拿大透過管道可以輸送過來。所以，太平洋煤氣與電力公司的總裁對漢默說：「對不起，我們已經有了貨源，而且品質也是不錯的。」漢默受挫後，本想在價格、供貨服務等方面讓步，以使談判能有轉機，但太平洋公司的人卻很沒有耐心，他們不願改變計畫，而是三言兩語把漢默打發走了。

這無疑給漢默當頭潑了一盆冷水，漢默一時竟不知所措，但他畢竟是經營了多年的老企業家，經驗豐富，心理承受能力很強，不久之後，他就平靜下來了，他構思了幾種制服太平洋公司的辦法，並且在短時期內，透過權衡，決定採納一條他認為能最快見效的，最有力量的辦法——即所謂「釜底抽薪」。

漢默立即乘機前往洛杉磯市，因為洛杉磯市是太平洋煤氣與電力公司的最大最穩定的天然氣買主，只要動搖了這一個最大的客戶，必定要改變太平洋公司的計畫，他很快找到了該市的市議會，繪聲繪色地向議員們描述他的公司在什麼地方開出了兩處品質多麼好的天然氣，為了洛杉磯市的經濟發展和市民們考慮，他計劃從拉斯羅普修築一條天然氣管道直達洛杉磯市，他將以比太平洋煤氣與電力公司以及其他任何投標人更為便宜的價格供應天然氣，以滿足洛杉機的需求，而且，由於他將加快修建管道的工程速度，所以，也將比太平洋煤氣與電力公司和其他投標人所能提供天然氣的時間更為縮短，洛杉磯市民將可在近期內用到他的價格便宜的天然氣。議員們當中很多人聽後便動了心。他們準備接受漢默石油公司的計畫，而放棄太平洋煤氣與電力公司的天然氣。

漢默的這一招確實收效不小，因為太平洋公司的人知道這一消息後，十分驚慌，他們有可能面臨破產。於是，他們趕緊來到漢默的公司找漢默，表示願意與漢默合作，接受漢默的天然氣。這時，漢默感到神氣極了，不過他是一個有經驗、有涵養的老企業家，他不會居高臨下，有意刁難人，而是很含蓄地抬高了自己的位子，找機會提出了一系列有利於自己的條件。反過來，太平洋煤氣與電力公司變成被動方，他們不敢提出任何異議，乖乖地與漢默簽了合約。

在生意談判中，有時會談崩，這時不應再繼續談下去，而應該冷靜分析阻礙談判的主要原因是什麼。漢默在這裡就直接找到與對方經濟利益關聯非常密切的另一方，造成威脅對方的態勢，最終使事情發生了轉機。漢默正是採取了這種釜底抽薪的辦法，使他在生意談判中站到了有利的地位，因而取得了勝利。

小讓步換來大收穫

在談判中先發制人，得寸進尺不失為一種策略，但是，這樣很容易招致對方的牴觸情緒，影響雙方良好人際關係的建立和維持，使談判陷入僵局。

因此，有經驗的談判者往往採取以退為進的策略。

退是一種表面形式。由於在形式上採取了退讓，使對方能從你的退讓中得到心理滿足。因此，不但思想上會放鬆戒備，而且作為回報，或說合作，他也會滿足你的某些要求。而這些要求正是你的真實目的。

談判中，可以替自己預備讓步的餘地，以便在對方的討價還價中有所退卻，滿足對方的要求。

但是，不要太快讓步。因為輕而易舉地獲得你的讓步，不但不會使對方在心理上獲得滿足，反而會懷疑你的讓步有詐。而慢慢地讓步不但使對手心理上得到滿足，而且還會更加珍惜它。

談判中，讓對手努力爭取他所能得到的東西。對對方能夠得到的東西不要去拒絕他，而是要讓他透過努力爭取來獲得。這樣做，看起來是你的一種讓步，而其實你是以對方應該得到的東西來換取他在其他方面的讓步。當然就是一種有益而無害的讓步。

談判中，要讓對方盡可能地多發言，充分表明他的觀點，說明他的問題。而你卻應該少說為宜。這樣一來，對方由於暴露地過多，迴旋餘地就小。而你很少曝光，可塑性很大。兩者的處境，猶如一個站在燈光下，一個躲在暗處。他看你一團模糊，你看他一清二楚。你就能掌握到談判的主動權。

除了讓對方多說，還要設法讓對方先說，先提出要求。

這樣做，既表示出你對對方的尊重，又使你可以根據對方的要求制定你對付他的策略，可謂是一舉兩得。

談判中，不要忘記「這件事我會考慮的」之類的說法，也是一種讓步。

但是，這種說法能給對方帶來心理上慰藉，因為至少你尊重他。雖然這種做法有點「口惠而實不至」的味道，但它卻是一種很好的以退為進的策略。

「以守為攻，以退為進」法

以守為攻，以退為進是談判中常用的一種策略。這種策略如果運用得巧妙，往往能收到以逸待勞，出奇致勝的效果。下面就讓我們來看看日美商人之間的一次技術合作談判，看看日本商人是如何採用以守為攻之策的。

這是一次日美間關於技術合作的談判，談判在美國芝加哥舉行。談判先後進行了 4 次交鋒。

在談判開始時，美方首席代表便拿著各種技術資料、談判方案、開銷費用等一大堆資料，滔滔不絕地發表了其公司的意見，完全不顧日方代表的感受。而日方代表則一言不發，仔細傾聽並埋頭做記錄。當美方講了幾個小時之後，向日方商人徵求意見，日本公司的代表卻顯得迷迷茫茫，混沌無知，反反覆覆地說：「我不明白」、「我們沒做好準備」、「我們事先也沒準備技術資料」、「請給我們一些時間回去準備一下」等等諸如此類的話語。第一次交鋒就這樣不明不白地結束了。

第二次交鋒的時候，日方公司以上次的談判成員不稱職為理由，撤換了談判的人員，另外派遣代表團前往美國進行談判。他們全然不知上次談判的結果，而且一切猶如上次那樣，日方代表顯得在這個談判方案中準備不足，最終以研究為名結束了第二輪談判。

幾個月後，日方又如法炮製了第三輪談判。這樣一來，美方人員大為惱火，認為日本人在這個方案上沒有誠意，於是下了最後通牒：如果半年後日本公司仍然如此，兩國的協定將被迫取消。隨後美方解散談判團，封閉所有的技術資料，等待至少半年後的最後一次談判。

誰料到，幾天之後，日本即派出由前幾批談判團的首要人物組成的龐大代表團飛抵美國，美方人員在驚慌之中倉促應陣，匆忙將原有的談判團成員召集起來。在第四次談判中，日本人一反常態，帶來了相關詳盡的資料，對技術、合作分配、人員、物品等一切有關事項都做了相當精細的策劃，並將協議書的初稿交給美方代表簽字。這使美方代表無從抗拒，只有無可奈何地在協議書上簽了字。

在上述的談判實例中，日本商人在談判中以守為攻，其出發點在於為了造成對自己有利的進攻條件，採取先主動退讓，或是故作糊塗，在給予對方一些小小的讓步之後，獲得了對方更大的退讓或妥協。

在運用「以守為攻，以退為進」的談判謀略的時候，通常應該注意下列問題：

- 在談判的時候，爭取讓對方主動開口說話，在令對方摸不透你意圖的前提下，弄清楚對方的談判要求和目的。
- 在談判的交鋒中，注意為自己的討價還價留有餘地，討價必須合理，不能漫天要價。當然，如果你是賣主，要價的時候，可以適當抬高一點，但不能太離譜；如果你處於買主的位置，則出價要低一些。
- 在讓步的時候，對於一些枝微末節問題，不要過分計較；但在重大的問題上，盡可能地要讓對方做出讓步，而你必須堅持你方的原則。
- 讓步不能太快，否則對手就會認為來得太容易，而不重視你方的利益。
- 不要做無謂的讓步。每次讓步的時候都要從對方那兒獲得一些對你談判有用的東西。
- 在對你方沒有損失或損失不大的前提下可做適當的讓步。
- 不要做同等級的讓步。如果對方要求你讓 50%的話，你可以考慮讓 30%。如果對方還是要求你讓他 50%的話，你可以對他說：「我無法承擔 50%的損失」。以此來拒絕對方。
- 靈活運用隱晦的詞句，可以跟對方這樣說：這件事我會適度考慮一下。
- 當你無法吃到大餐的時候，你可以考慮爭取吃速食。如果你連速食都無法享受的時候，你至少也要得到對方的一些承諾，這在實質上是一種打了折扣的讓步。

- 不要掉以輕心，記住每一個讓步都包含了你的一部分利潤。要敢於說「不」。如果你對對手多次說「不」的話，對手就會開始重視你的話。當然，在你說「不」的時候，耐心是非常重要的，而且要注意前後一致。

不要太快或過多地做出讓步，以免對方過於堅持原價。在談判桌上，應隨時注意對方做出讓步的次數和程度。

假如你在做出讓步之後，又心生悔意，不要沮喪，在簽訂協議之前，都還有挽救的餘地。

「迂迴婉轉，步步遞進」法

在商務談判的過程中，什麼情況都可能出現。有時候，對方已經很難再聽進去正面道理，正面進攻已經受挫，在這種情況下，不要強行或硬逼著他進行辯論，而應該採取迂迴前進的方式。在談判桌上，當雙方互不相讓，正面交鋒很難使對方讓步時，就要暫時避開爭論主題，找其他雙方感興趣的題目，從中發現對方的弱點。然後針對其弱點，逐步展開辯論，使對方認識到自己的不足之處，對你產生信服感。然後，你再層層遞進，逐步把話引入主題，展開全面進攻，對方就會冷靜地思考你的觀點，也因而易被說服。這就是「迂迴婉轉，步步遞進」的談判策略。

使用迂迴婉轉策略，也有各種方式，這裡介紹幾種最常用的手段。

乘虛而入式

乘虛而入式，是在雙方為了價格條件而激烈交鋒的過程中，利用對方急於進攻的心理，誘使對方透露出更多的資訊，從中找出破綻，趁對方專心進攻、疏於防守之際，攻擊其短處或漏洞，從而使自己在談判中處於有利地位。

臺灣某電子儀器廠要引進一條電子產品生產流水線。該廠技術人員到日本考察後認為，日本的生產線，在品質和技術方面都是世界上最先進的，只是日方自恃技術力量雄厚，要價偏高。我方決定與日方談判。

第一輪談判在該電子儀器廠所在新竹市舉行。日方在談判一開始就給人盛氣凌人的印象，高報底價，高出臺方考察人員所掌握的底價約 210 萬美元。臺方與之進行了 4 輪談判，但日方總是盛氣凌人，寸步不讓，聲稱他們的生產線是世界之冠，獨一無二，寧願不成交也不降價。談判陷入了僵局。這時，臺方派往日本考察的技術人員報告了一個重要資訊，日方的生產受到韓國幾家同類工廠產品的衝擊，韓國生產線目前正在與日方爭奪市場，日方對此深感頭痛。我方談判代表當即決定中止談判，請日方等待我方的最後答覆，給日方以我方無力堅持的假象。而臺灣電子儀器廠則另派專家赴韓國考察，結果發現，韓國產品不如日本，價格也不是很低。但儘管如此，臺方還是向韓國生產線發出了談判邀請。

兩個月後，韓國談判代表來到新竹，受到臺方電子儀器廠的熱烈歡迎，其熱烈氣氛超過接待日方代表，並大造聲勢，宣布臺韓雙方已有了初步合作的意向。日方談判代表得知這一消息大為震驚，立即把情況向日本公司進行了通報。日本人素來好勝，有時為了爭取市場而不惜代價，他們深知這種生產線在臺灣不止一家需要，失去一筆買賣就意味著失去整個臺灣市場。於是日方主動要求恢復談判，我方以「暫不需要日方產品」為由予以拖延，想不到日方竟派中間商對臺方進行遊說，表示願讓利銷售，這時臺灣的電子儀器廠才同意恢復談判。

在談判桌上，日方的態度 180 度大轉變，大談臺日合作，日方願支援臺灣的的現代化建設，願意給予最大限度的優惠。日方談判代表在再次報價中提出一個較為合理的價格，我方則乘勝追擊，最終以滿意的價格與日方達成了談判協議。

此例即是運用迂迴戰術的典型範例，我方針對日方擔心失去市場的弱點，放棄正面進攻，針對其薄弱之處發起反擊，步步遞進，最終取得了勝利。

聲東擊西式

聲東擊西是指在談判過程中，雙方出現僵局，無法取得進展，於是巧妙地變換議題，轉移對方視線，從而實現自己目標的方法。這種方法的特點是富於變化，靈活機動，既不正面進攻，又不放棄目標，而是在對方不知不覺中迂迴前進，從而達到自己的目的。

A 公司在一次商業談判中就透過運用這一策略而獲得了成功，該公司身為買方與身為賣方的某外商就一批家用電器的交易進行了談判。在談判過程中，賣方報價較高，經 A 公司方爭取，賣方雖然作了讓步，但 A 公司仍覺得價格偏高，而賣方又不肯繼續讓步，A 公司也不忍放棄已經取得的成果，左右為難。這時，A 公司方拋開這一主題，指出對外商同類產品的來件組裝很感興趣，恰好該外商也正想尋找合作夥伴，馬上就表現出極大的熱情，A 公司方提出雙方就來件組裝問題合作，A 公司方將擴大訂貨量，做批量組裝，但對方必須提供優惠。外商覺得買方的訂貨數量可觀，表示願意就這一問題開始談判，結果雙方的談判議題竟從成品交易轉移到來件組裝方面，買方趁機與賣方進行來件組裝方面的討價還價，賣方感到買方訂貨量可觀，於是同意大幅度降低價格，最後雙方先就來件組裝問題達成協議。

其後，雙方繼續商談成品貿易問題，外商仍堅持原立場，A 公司方的談判人員先從外商同類產品配件供給給 A 公司的價格談起，加上組裝費用，算出該類產品的成本遠低於外商的要價，外商堅持原價格是沒有道理的，這時外商才發現中了 A 公司的聲東擊西之計，不得不面對現實，按 A 公司方的要求作了退讓，A 公司不僅在成品貿易上未蒙受損失，還達成了一筆來件組裝的交易，真是意外的收穫。

聲東擊西是一個值得應用的策略，在對待對方的高壓策略時可稱得上是一個有效的反擊手段。但由於這一策略自古以來就被人們廣泛應用，易被人識破，所以在應用這一策略與對方討價還價時，一定要注意運用得體，巧妙周到，不要讓對方看出破綻。

旁敲側擊式

旁敲側擊式是指在談判桌上很難取得進展時，不妨在談判桌上的分歧之外，用間接的方法和對方互通資訊，與對方進行情感與心理的交流，增加信任，使分歧盡快解決。

一般說來，在商務談判中，談判者都面臨著雙重壓力，一方面必須擺出一副強硬的姿態向對方示威，另一方面又必須在雙方都認為合理的條件下與對方達成交易。所以在正式談判的場合，雙方都高度緊張，不斷地試探、進攻、防守，用盡各種手段了解對方的底細，壓制對方，爭取能局勢向有利自己的方向發展。但在談判桌外雙方自由交談、共同參加宴會等非正式交涉中，卻往往能讓資訊在輕鬆的氣氛中傳達給對方，同時也能在對方高興的情況下了解其真實意圖。

在非正式的交談中，雙方可以無拘無束地談各種大家都感興趣的話題，談家庭、談社會、談人生，以引起共鳴，增進彼此的感情。此時，如果趁機提出一些有關談判進程的話題，雙方倘若接受，則能加快談判的進程；如果不接受，也不會有失掉臉面的憂慮，更不會造成談判的破裂。並且還可以探聽對方的虛實，並根據對方的態度修正和補充原有的計畫，為進一步談判做好充分的準備。

由此可見，旁敲側擊有時能達成迂迴婉轉，步步遞進的作用。旁敲側擊的具體方法很多，但最關鍵的一點是製造良好的氣氛，使雙方感到自在、輕鬆、溫暖、親切，在這樣一種令人滿意的氣氛中提出一些條件和要求，有助於解決問題。

一個優秀的談判人員應該認識到，在商務談判中，並非所有的問題都必須拿到談判桌上去討論，談判桌外的非正式交涉也占有極其重要的地位，運用旁敲側擊這種方式，同樣可以溝通資訊，了解對方的觀點，及時提出相應的對策，促進談判的進程。

戰勝強硬對手的方法

在談判中，往往會遇到一些強硬的對手，他們自信傲慢，並且有豐富的談判經驗。面對這樣的談判對手，要採取以計制強和以柔制強，以強制強的方法。下面就是較有效的幾種方法：

運用團體的力量，實行「車輪戰」和「疲勞戰」

對付強硬對手，首先要運用團體的力量，輪番向對方進攻，給會談造成一種緊張、強烈論理之勢，使對方在強大攻勢面前因精神疲倦而改變態度，而接受我方的提案。

配合這種方法的有效戰術是「疲勞戰」。採取輪番辯論的方法，干擾對方的精神注意力，瓦解其意志，製造漏洞，從而在有利的條件下達成協議。比如有一次商業談判，雙方一直談到次日清晨才達成協議，並整理出了總價。由於晚上沒有睡覺，賣方整理完資料後，就倒在沙發上睡著了。而買方則有另一批人專門檢查所有資料，而賣方當時由於獲得合約而高興，加上過於疲勞而緊張，漏計了 3 臺設備的價格。直到簽約時賣方才發現。經過再談判，買方僅同意退回一半，另一半則讓賣方交了「學費」。

對付對方「軟硬兼施」的方法

在談判中，處於主動地位的「強硬派」往往會使出軟硬兼施的方法。他們把談判的團隊分成兩部分，一部分成員扮演強硬的「黑臉」，另一部分扮成溫和型的「白臉」。「黑臉」在談判某一議題的初期階段發揮主導作用，「白臉」則在談判的結尾階段扮演主角。扮演「黑臉」的強硬派在談判一開始，就毫不保留地果斷提出有利於己方的要求，並且態度強硬，堅持不放。甚至酌量情勢，表現出一點嚇唬式的情緒或行為。此時，擔任溫和型的「白臉」則保持沉默，觀察對方的反應尋找解決問題的辦法。等到談判氣氛十分緊張時，「白臉」出面緩和局面。一方面勸阻自己的夥伴，另一方面也平靜而明確地指出，這種局面的形成與對方也有關係，最後建議雙方都做出一些讓步。在談判中遇到這種情況，可採取以下對策：

- 對於唱黑臉的，不予理睬，以靜制動，他們到最後自然會換另外一個人上陣。
- 採取相同的方法，扮演黑臉「以牙還牙」。
- 在商談中，找出對方的毛病，吹毛求疵。

當然，最主要的方法是做好心理上的防禦準備，明白「黑臉」和「白臉」同屬於一條統一戰線，二者的終極目的都是想在你身上得到他們想要的東西。「黑臉」和「白臉」只不過是他們所使用的一種策略和方法。

軟化對方的幾種方法

在商務談判中，往往會遇到這種情況，對方的條件我方不能接受，而對方態度強硬絕不讓步，這時可採用軟化對方的一些方法。具體方法是：

■ 弱化對方的「激將法」

這種方法是以話激對方，使其感到堅持自己的觀點和立場已經直接損害到自己的形象、自尊心、榮譽，從而動搖或改變所持的態度。然後再採取異常行為，使之有利於實現我方談判目標。比如，賣方談判人可對買方談判人說：「買方誰是主導者？我要求派能做決定的人跟我談判。」此話實質上就是貶低面前談判對手的權力，反過來激起對方（尤其是年輕資歷淺的業務員）去要求「決定權」，使得賣方談起來方便，從而達到有利於實現賣方的談判目標。再比如，買方的談判人也可以用「激將法」對賣方談判人說：「既然你有決定權，為什麼不答覆我方的要求，你還需要回去請示嗎？」

總之，「激將法」運用起來較普遍，並且花樣很多。但是，在具體運用時應注意：「激將」是用「語言」，而不是「態度」。因而，用語要切合對方的特點，切合追求目標，態度要和氣友善，態度蠻橫並不能達到激將的目的，只能激怒對方。

■ 軟化對方的「寵將法」

以好話頌揚對方，以禮物餽贈對方，使對方產生一種友善的好感，從而放棄警戒，軟化對方態度，軟化談判立場，使自己的目標得以實現，這種方法即「寵將法」。比如，給對方戴高帽子。根據對方的年齡特徵，年老的稱「老當益壯」、「久經沙場」；年輕的稱「年輕有為」、「精明強幹」、「前途無量」等等，以這些好話來拉籠對方，減緩對方的進攻氣勢。再比如，有的商人主動贈送禮物給對方，反過來又要求合作有關買賣。日本某株式會社就曾贈款給某國市政府，支持其市政建設，之後又反過來要求承攬該市的地鐵建設工程。可見，寵將法可以有力地軟化對方態度，因而在談判中被廣泛地運用。

■ 個別接觸軟化對方

在商務談判中，強硬的一方可能會以公司的方針，慣例或權限範圍為理由，向對方施加壓力。此時，接受對方不利的條件或是拒絕談判都不是好主意。最好的方法就是個別接觸，軟化對方。

該方法可以和「情感溝通策略」和「寵將法」配合使用。透過個別接觸、緩和對方的情緒，達到溝通感情軟化對方的目的。最終使得對方讓步。

及時更換備選方案

備選方案是指在既定方案不能實施時可以替代的方案。談判中，在強硬的對手面前，當最初拋出的方案無法實施，而又無其他方法解決時，及時更換備選方案是明智的。談判是為了達到某種目的，因而，談判是要得到比不談更好的結果。及時更換備選方案並以此為衡量基準，既防止自己接受不利的條件，又可防止自己失去符合本身利益的條件。

同時，及時更換備選方案還可以使己方有充分的時間去探索富有創造性的解決問題的方法，使談判能順利進行下去。

以柔克剛的方法

在談判中強硬的對手，往往會盛氣凌人、鋒芒畢露、趾高氣揚、居高臨下，以己之「強」去控制和指揮對方。這時，硬碰硬是不可取的，上策是採取以柔克剛的方法。

配合該方法的策略是「忍耐策略」、「沉默策略」和「拖延攻勢法」。基本的原則是：以我靜對「敵」動，以我逸對「敵」勞，以平靜、柔和的持久戰，使對方心急無處發作，惱怒無處宣洩，磨損其銳氣，而實現我方談判的最終勝利。

總而言之，談判的方法是很多的，它需要談判者在談判中，靈活地配合使用。獨立的方法和技巧，並沒有太大的實際意義。只有把這種或那種方法恰當地置入某種特定的條件，才具有積極的作用，達成意想不到的效果。

讓對手逐漸放棄立場的方法

在談判中要做到讓對方改變初衷放棄立場，心甘情願地接納你的意見，既取決於談判者的說服能力，又取決於談判者在談判過程中運用的具體方法。想要讓對方放棄立場，要看說服者與對方的熟悉程度和親密程度，實際上就是對方對說服者的信任度。如果對方一直跟你處在對立情緒當中，你要說服對方放棄立場，改變自己的初衷往往是徒勞的。但如果雙方是合作過幾次的，那你就會有機會就說服他。

向對方說明放棄立場後雙方將得到的益處

一方面，要向對方說明，一旦接納了你的意見後損失是什麼？對於該損失怎樣解決和彌補。這樣做可以給對方一種較客觀的感覺，從而容易為人所接受。另一方面，也要說明對方放棄立場後，你方將會得到什麼樣的利益，把益處開誠布公地跟對方公開，使對方感到合理。

提出一個不合理的新提案

想要說服對方放棄立場，你方可以提出個新提案，該提案必須是對方不可能接受的，或者要接受的話有很大困難度的。這樣可以間接地迫使對方放棄自己的立場，而不是直接地迫使對方放棄。下面就是這樣一個很典型的談判案例：

1985 年某國工貿代表團到俄國訪問，並要求貿易合作。對方的主要產品是礦用汽車、挖土機等礦山設備。透過交流和洽談，俄方了解到對方的設備技術還不及美國和日本的同類產品，但是，對方所提出的價格卻不低，而且還堅持要收外匯。對此俄方談判小組認為不理想，但考慮到兩國關係，又不好直接拒絕。在這樣的情況下，俄方就提出一項新的提案，要求對方拿出一臺設備在某嚴寒礦區進行 10 個月的試驗，在 -40°C的條件下，如果工作性能可靠即予以批量訂購，此提案要求對方要在 2 個月後答覆。對方的這些設備雖然經過工業試驗和實測，但該國家最低氣溫才 -20°C，要適應俄國 -40°C工作條件，目前在技術上還有一定的困難。因此，就迫使對方放棄了最初的立場。

拋磚引玉，各取所需

「拋磚引玉」是一個成語，意思是以粗淺的說法引出深奧的道理，即拋出自己的見解，從而引發深刻精要的高明之見。將它運用到談判的謀略思想中去，則是採用巧妙的方法，誘使對方說明或暴露自己的真實意圖。具體而言，就是一方主動地提出各種問題，但不提解決的辦法，讓談判對手主動去解決。這種謀略一方面可以達到尊重對手的目的，使對手感覺到自己是談判的主角和中心；另一方面，自己又可以摸到對方的底細，從而爭取到談判的主動權。

實際上，拋磚引玉所產生的就是啟發和引誘的作用。在運用啟發式的談判謀略時，談判者應該認識到，「啟發式」的關鍵在於「啟」，而重點在於「發」。因為，「啟」是「發」的方法和技巧，而「發」則是「啟」的目的。如果只是「啟」而不「發」，則談判就失去了意義；反之，如果「啟」之不當，則「發」非所「啟」，反為人所用，同樣達不到自己的目的。所以談判中的「啟」一定要注意自己的策略，它既包含了自己的潛在意圖，又要使對方不能不「發」。

當然，在談判的實踐中，不管用「啟發式」也好，還是用「誘導式」也好，最重要的一點是要善於抓住對手的心理狀態，才能夠對症下藥。關於這一點，可參考勸說誘導方法，下面就是這些方法的要點：

- 談判開始時，要先講容易解決的問題，然後再討論容易引起爭論的問題；
- 雙方的期望與雙方談判的結果有著密不可分的關係。可伺機傳遞消息給對方，影響對方的意見，進而影響談判的結果；
- 假如同時有兩個資訊要傳遞給對方，其中一個是較可喜的，另外一個是較不合人意的，則應該先讓他知道那個較可喜的資訊；
- 強調雙方處境的相同點要比強調彼此處境的差異更能使對方了解和接受；
- 強調合約中有利於對方的條件，這樣才能使合約較容易簽訂；
- 先透露一個使對方好奇而感興趣的消息，然後再設法滿足他的要求；
- 必要時帶點威脅性，否則對方就不會接受；
- 說出一個問題的兩面，比單單說出一面更為有效；
- 等討論過贊成和反對意見後再提出你的意見；

- 聽話的人通常比較容易記住對方所說的頭尾兩部分，中間部分則較不容易記住；結尾要比開頭更能讓聽眾留下深刻的印象，尤其是當他們不了解所討論的問題時；與其讓對方作結論，不如先由自己清楚地陳述出來；重複地說明一個訊息，更能促使對方了解和接受。

示形以利，奪聲造勢

示形以利、先聲奪人是古代軍事上的謀略術語，在今日的談判桌上，談判者常常運用這種策略，並賦予它們新的意義。

「示形以利」出自《孫子兵法．兵勢篇》。原文是：「故善動敵者，形之，敵必從之；予之，敵必取之。以利動之，以卒待之。」意思是說善於誘導敵人行動的軍事指揮家，必須先給敵人某種虛假的暗示。這樣，敵人就會採取行動，暴露目標；如果再給敵人小小的利益，敵人一定會採取進攻來獲取利益。所以，要使敵人採取行動就必須以利益進行引誘，隨後趁機消滅敵人。

「示形以利」用於談判活動中時，多指談判一方向對手發出暗示性的資訊，具有一定的誘惑性。其目的就在於「引蛇出洞」，收集到更多有價值的資訊，從而掌握談判桌上的主動權。需注意的是，在談判的時候，必須透過暗示性極強的示形，誘使談判對手暴露企圖，而自己並不露出廬山真面目，使對方如墜雲霧，難以思考你的真實意圖，而且，在示形的時候，應巧妙地用「利」為誘餌，藉以俘虜對方。

下面是一個以示形以利，奪聲造勢而贏得談判勝利的典型例子：

艾科卡是美國企業界有名的企業家，而克萊斯勒汽車公司是美國汽車業界的「三大廠」之一，擁有近 70 億美元的資金，在當時是美國的第十大製造企業。但在 1970 ～ 1978 年的 9 年內，竟有 4 年虧損，其中 1978

年的虧損額高達 2.04 億美元。此時，艾科卡臨危受命，出任克萊斯勒汽車公司的總經理。為了重整公司最低限度的生產營運量，艾科卡請求政府給予緊急貸款援助。這就產生了一次由艾科卡代表克萊斯勒公司與美國國會議員們代表政府所進行的質詢談判會。

質詢會開始後，參議員威廉質問道：「如果貸款提案獲得通過的話，那麼政府對克萊斯勒將介入的更深，這對你長久以來鼓吹的主張（企業自由競爭）來說，不是自相矛盾嗎？」艾科卡回答道：「你說得一點都沒錯，我這輩子一直都是自由企業的擁護者，我是極不情願到這裡來的。但我們目前的處境進退維谷，除非我們能獲得聯邦政府的某種保證貸款，否則我根本沒辦法拯救克萊斯勒。」艾科卡意味深長地說：「我不是在說謊，其實在座的參議員們都比我清楚，克萊斯勒的貸款請求並非首開先例。事實上，聯邦政府的帳冊上截至目前已經有 4,090 億元的保證貸款記錄，因此請你們務必通融一下，不要到此為止，請你們也全力為克萊斯勒爭取 4,100 萬元的貸款，因為克萊斯勒乃是美國第十大產業公司，它關係到 60 萬人的工作機會。」

隨後，艾科卡又指出，目前美國的汽車市場正被日本乘虛而入，如果克萊斯勒倒閉了，它的幾十萬員工就會成為日本的僱員，根據財政部的調查資料，如果克萊斯勒倒閉的話，政府在第一年中就得為所有失業員工花費 27 億美元的保險金和福利金，所以他向國會議員們說：「你們眼前有個選擇，你們願意現在就付出 27 億呢？還是將一部分作為保證貸款，日後可以全數收回？」艾科卡的這一番話，可謂是曉之以理，動之以情，國會議員們無言以對，最後終於一致同意，給予克萊斯勒公司援助性貸款。

這是一場阻力重重的談判。應該說，最初的形勢對艾科卡極為不利，但艾科卡憑藉他雄辯的口才，理性的分析，以及可被信賴的重整計畫，感動了議員們，終於爭取到了 4,100 萬美元的貸款，獲得了談判的成功。

商務談判中，採取「示形以利」的談判謀略，與軍事上的「示形以利」又有所不同。在這裡，「示形」多是指談判者明確地陳述自己的實力，闡明其中的利害關係；「以利」是解釋說明以這樣的方式進行洽談會給雙方都帶來利益，實現雙方的談判目標。在上述談判實例中，艾科卡在國會聽證會上的那一番發言，首先是陳述了企業目前面臨的困難，讓國會議員們對他的要求有一個概括的了解，然後話鋒一轉，指出了日本汽車正趁虛而入的現實，這是國會議員們不樂見的情況，使議員們認清了其中的利害關係，從而同意了政府對克萊斯勒企業採取扶持政策。艾科卡所運用的說服手段就是一個典型的「示形以利」的談判謀略。

需要強調的是，在不同的談判類型中，由於實際情況不同，所以，在採用「示形以利」謀略的時候，方式也有所不同。涉及到政治談判、衝突談判的時候，基於利益的對抗性，應加強「示形」一方意圖的保密性；在商務談判中，則往往陳述利害關係，讓對手權衡得失，然後做出選擇。

商務談判中的報價策略

報價是談判開始的主要內容。報價有廣義與狹義之分，廣義報價指談判中一方向對方提出的所有要求，狹義報價指針對商品成交價格所進行的報價。此處要談的報價為狹義報價，報價的策略主要展現在誰先報價和怎樣報價，但推銷談判人員在報價之前還必須明白報價的基礎和原則問題。報價不是由推銷談判人員隨心所欲制定的。報價的有效性首先取決於雙方價格談判的合理範圍，同時，還受到市場供需狀況、競爭等多方面因素的制約。因此，報價決策是根據所收集、掌握的來自各種管道的商業情報和市場行情，對其分析、判斷後，在預測的基礎上制定的。

報價的順序策略

報價的先後在一定程度上會影響談判的結果，先報價的一方，等於為整個談判定下了一條基準線，最終協議將在此範圍內達成，這可以在一定程度上支配對方的期望值。此外，首先報價如果出乎對方的預料和設想，亦會打亂對方的原有部署，甚至動搖對方原來的期望值，使其失去信心。

總之，首先報價在整個談判中都會持續產生作用，因此先報價比後報價的影響更大。但是先報價也有不利之處，即容易遭到對手的攻擊，迫使談判人員一步步降價，而且尚不知道對方的報價，很容易陷入被動境地。所以，根據具體情況，也可以考慮後報價。後報價的優勢在於：一方面，在對方率先報價後可以根據對方的報價重新調整己方的報價，提高取勝的可能性，擴大談判成果。其實，先報價或後報價都是有利有弊的，那麼談判人員應採取什麼樣的報價順序呢？

一般來說，己方在談判中處於有利地位時，先報價較為有利。尤其是在對方對該交易的行情不太熟悉的場合，先報價之利更大。如果預計到雙方談判實力相當，談判一定會競爭得十分激烈，那麼應當先報價以爭得更大的影響力；如果本方實力較弱，尤其是缺少談判經驗時，則應讓對方先報價，因為可以透過對方的報價以觀察對方，同時也可以擴大自己的思路和視野，然後再確定己方的報價該如何調整。

不管是先報價還是後報價，推銷談判人員都必須要明白以下三點準則：

- **確實弄清楚對方的涵義**：不論是先報價或後報價，均應搞清楚對方對己方報價的全部涵義。
- **弄清楚對方對己方報價的反應**：己方先報價或後報價，均應搞清楚對方對己方報價的真實反應，尤其是當己方率先報價時更應如此。在己方率先報價後，應避免對方集中攻擊己方的報價，而應明確要求對方提出他們的報價。

- ➢ **全面評價對方的交易條件**：談判者必須對對方提出的交易條件以及己方提出的交易條件全面、深入地理解。要從各條件之間的關聯、合約之間的關聯的角度分析每一個條件，切忌盲目衝動，輕易或沒有原則地討價還價。

報價制定的策略

談判人員在報價時，為了使自己的報價對談判結果造成較大的影響，必須遵循以下標準進行報價：

■ 高限定價

所謂高限定價是指推銷談判人員所確定的最高期望價格。只要能找出理由，都應採用高限定價。與客戶談判的經驗證明，報價取高是一條金科玉律，即在談判報價中應提出最高的可行價格。

高限定價的好處主要有：當賣方報價較高並且有理、有據時，買方往往會不得不重新估價對方的保留價格（即討價還價中的臨界價格）。這樣，價格談判的合理範圍便會發生變化，很顯然，這種變化是有利於賣方的。

高價報價也會讓對方衡量和思考他們的條件。

策略性的虛報部分，為下一步雙方的討價還價提供了周旋的餘地。因為，在討價還價階段，談判雙方經常會出現相持不下的局面。為了打破僵局，推動談判的進程，有時候需要談判雙方或一方根據情況適當地做出讓步，來滿足對方的某些要求，故而，談判開始的「高賣價」可為討價還價過程留出有用的交易籌碼。

初始報價對於談判者最終所獲得的物質利益具有不可忽視的影響。較高的賣價如果能夠堅持到底，那麼，在談判不致破裂的情況下，往往會有很好的收穫。

開始時報價高是合情合理的，但是在談判中要注意分寸，不能「獅子大開口」；而且不管你報的價格有多高，都必須講出令人信服的理由，否則，可能會導致談判破裂。

■ 基準定價

所謂基準價，是指最低可接受的價格，它是談判人員談判的最終目標。

基準價主要由生產成本、平均利潤率和供需關係諸因素所共同決定。其中成本是主要定價依據，也是基準價的最低界限。一般來說基礎價不能低於產品成本。

影響供需關係的因素也很複雜，經濟因素、社會因素、心理因素等都會影響商品價格。

在與客戶談判中確定基準價有重要意義。推銷談判人員可據此避免拒絕有利條件；避免接受不利條件；避免魯莽舉動和各行其是。

■ 低價報價

所謂低價報價方式（也稱日本式報價），其一般特徵是，將最低價格列在價格表上，以期先引起買主的興趣。由於這種低價格一般是以對賣方最有利的結算條件為前提，而且，這種低價格交易條件的各個方面很難全部滿足買方的需求，如果買主要求改變有關條件，則賣方就會相應地提高價格，因此買賣雙方最後成交時，往往高於價格表中的價格。

面臨眾多的競爭對手，低價報價方式是一種比較策略型的報價方式。因為它一方面可以排除競爭對手而將買主吸引過來，取得與其他賣方競爭中的優勢和勝利；另一方面，當其他賣主紛紛敗下陣來時，買主原有的市場優勢已不復存在，此時將是一個買主對一個賣主，雙方誰也不占優勢，從而可以坐下來慢慢地談判，然後再把價格一點一點提上去。

報價的時機策略

談判人員在報價時，必須要注意報價的時機，因為有時不論你報出的價格有多合理，但此時對手的興趣如果不在商品自身的使用價值上時，那麼你的價格還是不能使他產生成交的欲望。所以談判報價時，應先談商品的使用價值，等對方了解了其使用價值後，再談其價格問題。

因此，如果在談判的開始階段對方就詢問價格，此刻你最好迴避報價。因為，當對方還未聽到你的產品介紹或未看過示範，一般來說，他對產品的興趣不大。因此，當對方過早要求了解價格時，可以假裝沒聽見，繼續談論產品的使用價值。也可以做如下回答：「這要看產品的品質量如何」、「這取決於您選擇哪種型號的產品」等，等介紹完產品的技術優勢後再回答為宜。但若是對方堅持要馬上答覆他的問題，那就不能拖延了，再拖延就是不尊重了。此時，談判人員應當建設性地回答這一問題，把價格與使用壽命等聯繫起來回答，或是把價格與達成協議可得到的好處聯繫起來回答。

報價的其他策略

除了上述幾種策略外，還可以採取下面幾種策略進行報價。

■ 成本加成策略

所謂成本加成策略，是指在以成本為核心定價的基礎上提出報價的方法。這種報價策略報出的價格一般較接近對方接受的價格，再降低的可能性不大。

成本加成策略一般適用於老朋友，即有長期的交流，而且彼此都熟悉產品的生產過程、成本及產品的用途。透過協商，議定出一個大致合理的，彼此可以接受的價格。

成本加成策略作為一種謀略來講，一方面要求己方態度要誠懇、坦誠，但又不等於無利可圖或做虧本買賣，而是透過基本的算帳方法，以取得合理的利潤。值得注意的是，產品成本的計算方法不同，成本的金額就會不同。如完全成本、變動成本的計算方法不同，得出的結論也不同，自然報出的價格亦會不同。同時也並不意味著一定要賣最低價格。

■ 留有餘地策略

指在與客戶的談判中，當對手提出某一價格要求時，談判人員不應馬上對他的要求做出答覆，而是先答應其中的一點，剩下的再留出餘地，以備討價還價用。

其實這種策略和準確報價並不矛盾，因為兩者的目的是相同的，都是為了達成協議，只是實現的目標和途徑不同而已。其適用情況是如果我們發現談判對手很自私，此時最好採取留有餘地策略，這不是「以其人之道還治其人之身」，而是要有效地克服對方自私自利的心理障礙，在討價還價當中順利實現我方要求，最後達成協議。

■ 摸底策略

這種策略是指談判人員為了摸到對方價格的底牌，找出對手所能夠付出的和自己願意接受的臨界價格而採取的一些做法。

一般情況下，談判人員在報價時可運用上述策略，但有時還要考慮到當時的談判環境和雙方之間的關係。如果對方為了自己的利益而向你施加壓力，你也必須向對方施加壓力，以保護己方利益；如果雙方關係較友好，尤其是有過較長時間的合作關係時，那麼報價應當穩妥，出價過高或壓價過低都有損雙方關係，而且如果有很多競爭對手，那麼就必須把報價壓低到對方能接受而願意繼續談判的程度。

讓步的原則與技巧

任何談判都不是一錘定音的。讓步是雙方為了達成有效協議所不得不採取的步驟，但是怎麼樣讓步可就有大有學問了。如何才能達到退一步、進兩步的良好效果？如何才能以很小的讓步換得對方更大的讓步而且讓對方心滿意足地接受？

有的談判者在談判過程中一再後退，連連讓步，即使如此也未必能獲得對方好感，更別指望贏得談判。

經驗豐富的談判者都知道，為了達到自己預期的目的和效果，必須掌握好讓步的尺度和時機。至於如何掌握只能憑談判者的機智、經驗和直覺處理，但這並不等於說談判中的讓步是隨心所欲、無法運籌和掌握的。恰恰相反的，只有在談判前就對怎樣讓步胸有成竹，暗定機謀，等到實踐時，再憑藉準確的觀察和談判能力加以靈活運用，施展胸中已想好的讓步方案，才能取得理想的談判效果。

談判中的實戰階段是談判過程的關鍵，而讓步階段又是談判實戰中最重要的一環。因此，只要是一個談判者，不論他是第一次談判還是久經沙場，都會百分之百的重視讓步階段。

所以說，想成為一個精明的談判人員，就得在你讓出第一步時就審時度勢，努力爭取以退為進，避免賠了夫人又折兵的情況！那麼，該如何做好讓步呢？

一步到位，呈現大將風度

這是一種在談判的最後階段一步到位，讓出全部可讓之利的方法。運用這一策略時，在談判初期要做到寸步不讓，向對方傳遞自己的堅定信念，讓對方知道你的「絕不妥協」，運用這一策略可以就此折服對手，但如果對方是一個意志堅強，耐力持久的人，為了不使談判破裂，你就得順勢做出讓步。

對運用這一策略的談判者的要求是：

起初寸步不讓；關鍵時刻一步到位；言語乾脆俐落，不給對方可乘之機；態度果斷，呈現大將風度。

下面就是運用這一策略的談判案例：

1994 年鶯歌鎮某陶藝品公司作為供貨方與某外商就陶藝品買賣合約進行洽談。

談判開始後，陶藝品公司談判人員堅持 800 元一件，態度十分強硬，而外商只出 500 元的價格，且亦是毫不示弱。談判進行了兩天，沒取得任何進展。外商提出休會再談一次，若不能取得共識，談判只能作罷；鶯歌方堅決不退讓。眼看談判即將破裂。

第三天談判繼續，雙方商定最後階段的談判時間為 3 個小時，因為如此僵局，再拖延下去只是浪費時間。但當日還是毫無進展。在談判最後的 10 分鐘時，雙方代表已做好退場準備了，這時陶藝品公司首席代表突然響亮地宣布：「這樣吧！先生們，我們初次合作，大家都不願出現不歡而散的結局，為了表達我方誠意，我們願意把價格降至 660 元，但這絕對是最後讓步。」

外商代表先是一驚，然後沉默了好幾分鐘，就在談判結束的鐘聲即將敲響之時，他們大聲地說：「成交了！」

這次談判就是一步到位的典範。陶藝品公司在做了最大限度的堅持後，一步到位地讓步，既維護了談判的勝利，也博得了對方的信任，雙方不失時機地握手言和了。

分步退讓，適可而止

這是一種逐步讓出可讓之利並在適當時候果斷地停止讓步，盡可能最大限度獲得利益的策略。這種讓步策略在具體操作時又有不同形式：

- **等額分步退讓**：即在激烈的討價還價中，根據形勢，逼一步，退一步，每一步讓出的幅度都均等。此種方法適用於競爭十分激烈的談判或不熟悉情況下與陌生人進行的談判。對於採用這種等額分步退讓的要求是：步步為營，穩紮穩打；態度謹慎，言語既不張揚，也不膽怯。
- **先高後低的退讓**：即首先做出較大幅度的讓步，然後在與對方討價還價的過程中逐步減小幅度，最後停止讓步。

  這種讓步方式易於被人們接受，同時也便於應用，逐步減小幅度，也可使對方感到無油水可撈，降低期望值。在停止讓步後，隨著你的戛然而止，對方也會順勢剎車，停止討價還價。
- **隨機應變的退讓**：即在己方所提條件較高的情況下，面對對方的討價還價，採取靈活多變的方式進行讓步，可以先高後低，然後再拉高，也可以高低錯落綜合運用，其關鍵是在談判進展中適時採用、靈活施展。

應付意外情況的策略

在應付談判過程中未預料到的反對意見時，提問是最好的策略，它將成為你最得力的助手。你可以用提問的方式說：「你說的話是什麼意思？」「議題中是不是不包括你所提的問題？」「你們不能答覆的理由是什麼？」「哦，我不太明白，你的態度是不是有點過火？」「你們那樣做的理由是什麼？」

你也許需要用同樣的方式再表達其它方面的提問，當然，是否這樣做，主要是依當時的情況而定。但是，那些都是你需要知道的最基本的資訊。運用提問的方式，你同樣可以在你們之間再進行新的對話，並重新在那個問題上使談判得以繼續下去。你可能會繼續提出各式各樣的其他問題，比如，「如果……，將會……」、「……如何」、「……怎麼樣」等等。這樣將有助於你擺脫驚慌的狀態，重新進入談判過程。

當你準備談判時，你應該先坐下來，認真地想一想自己在談判中要得到什麼，以及你如何才能達到目的。與此同時，你還應該想一想你的談判對手，他們想從談判中得到什麼，以及他們準備從哪裡開始著手談判。這麼一來，即使你對你們雙方談判中可能出現的情況的預測不是十分完美，你也會有更好的接近或達到目的的機會。儘管偶然會出現有人提出一個完全超出你設想的範圍的建議或想法，它也許是異乎尋常的，或者是令人吃驚的；也許正好是使討論的參照物比你預料的更廣泛了。

人性傾向於贊成熟悉的和預料之中的事情，而偏向於拒絕和反對未預料到的事情或超出常規的東西。正因為如此，如果有人做了「出人意料的」事情，那麼，人的本能反應就會傾向於「否定」。這種本能的「否定」，作用在他人提出一種想法或不是我方的人提出一種想法時，也是適用的。換句話說，當他人提出一種想法或不是我方的人提出一種想法時，人的本能反應就會傾向於「否定」。

但是在談判中，我們的思考則不能被這種慣性所左右，直接提出否定的觀點顯然不是解決問題的最好方法。因此，最好是運用提問這個技巧，讓對方把意見和觀點解釋清楚，這時我們再根據具體情況，恰當地表達自己的意見。這就是應付談判中的意外情況較實用而可行的策略。

附：與不同國家的談判者談判應採取的特別策略：

如何與美國人談判

美國人具有雷厲風行的特點，一旦約好時間就會準時走進談判地點，並立即談「正事」，迅速把談判引向實質階段。他們習慣於用迅速、簡潔、令人信服的語言，表達自己的觀點。另外，他們非常讚賞那些精於討價還價，為取得利益而施展手腕的人，也精於使用策略去謀取利益。因此，在與美國人進行談判時關鍵在於策略運用得體。

在談判過程中，美國人樂於連續地討論問題，最後達成整個協議，主張多談細節、少談原則，這與美國人追求短期利益有關。

一般來說，美國人在談判中表現得最明顯的特徵是虛張聲勢和採取強硬手段。所以，在與美國人談判前要有充分的心理準備，要胸懷大度，果斷機敏，以柔克剛。

在與美國人談判的時候，注意和掌握一些談判的要點，會有助於你達成自己的談判目的：

- 事先預約，準時到達。美國人時間觀念非常強，除了商業會議可以比預定時間推遲 10 ～ 15 分鐘之外，其他談判會議都要求談判對手要準時到會。

- 表現熱誠。美國人有時會提議：「我們省去禮節，直接談生意吧！」可以預估談判會進展得很快。
- 陳述詳細、真實及合乎規範。
- 言談要直率和誠實。在交談中，美國談判者希望對方坦率地「講實情」。不直接回答可能會被誤解為缺乏信心，不真誠，甚至不誠實。一個典型的美國談判代表團可由 1 ～ 5 人所組成，不要指望有很大的美國談判代表團。除非談判非常複雜。
- 使用「逼問」戰術。「逼問」是美國銷售商經常用的戰術，比如問購買者：「是買還是不買？」
- 運用忍耐優勢。美國談判者有時會作出讓步，以盡早結束談判，然後進入其他商業事宜。
- 留有餘地。美國談判者經常雄心勃勃地率先提出要求。
- 須重視最後期限。美國人有極強的時間意識。合約通常會非常詳細和冗長。

除了以上這些要點，了解美國人的一些文化習俗對促進談判也是很有益處的：

美國人問候方式熱情，常用的問候語有 How do you do?（您好）或 Pleased to meet you.（很高興見到你）熟悉的女人之間或男女之間會親吻或擁抱。他們習慣在見面和離開時面帶微笑的做簡短有力的握手。

美國人喜歡談論商業、赴美旅行、當今潮流和世界事件。不過美國人雖然喜歡談論政治，卻不喜歡別人批評美國。

美國人喜歡保持一定的身體距離，在交談時，彼此站立的間距通常在約 1 公尺左右。良好的目光接觸通常是每隔 2 或 3 秒，持續約 5 ～ 7 秒鐘。這樣持續的目光接觸被認為是表示興趣、誠摯和真實的訊號。

如何與德國人談判

德國人的特點是倔強、自信。他們辦事謹慎，富有計劃性，具有很強的敬業精神。他們在談判前的準備做得相當充分，而且會周密地安排議事日程，一切都準備完以後才會胸有成竹地開始談判。

德國人對待發展個人關係和商業關係都很嚴肅，並不十分重視在建立合作關係之前先融洽個人關係。但一旦贏得他們的信任，建立合作關係後，他們便會希望長期保持，求穩定的心理較強，不喜歡「一錘定音」式買賣。

在談判中，德國人強調個人才能，決策多是自上而下，不習慣分權或集體負責。德國人決策果斷，極其注重計劃性和節奏緊湊，他們不喜歡漫無邊際地閒談，而是一開始就一本正經地談正題，談判中語氣嚴肅，給出的建議則具體而切實。

與德國人談判時，要注意以下幾點：

- 事先與上層人士預約，盡可能準時到場。
- 準備會議的議事日程。德國人在做生意時極為注意秩序和計劃性，對模棱兩可的事情會感到不愉快。
- 做好充分準備。建議和陳述應該詳盡、有邏輯性，以適當的專業資料輔助。且應該對產品和合約細節有全面的認識。
- 穿著整潔，保持得體的舉止。處事要克制，寧願保持沉默，也不要主動提出無根據的看法。
- 德國合約經常比美國的合約更詳細，德國在這一方面是全世界都知名的。德國的合約會詳盡地說明在美國合約中屬於無須寫明的貿易實務之內容。

- 談判建議應該具體而切實，並以一種清晰、有次序和有權威性的方式加以陳述。避免用開玩笑的方式打破沉默。
- 設法安排一些較小型的會議，這種會議的氣氛較為隨和。
- 不要表示驚奇和過分要價。也不要在正式的會議上突然向對方提出一個令人吃驚的新建議。
- 在德國，決策時要全面分析所有的事實，並需要花比美國人更長的時間，一個高層管理者甚至仍會決定不太重要的事情。
- 不要謀求在正式禮儀之外建立個人之間的關係。德國人都希望保持距離，直到生意結束為止，儘管年輕的德國人會更隨和一些。
- 要意識到談判接近尾聲的要求。倘若你必須作出妥協，那麼要有條件地妥協。
- 仔細研究對討論進行總結的文件和信件。德國人喜歡把事情寫成文字。
- 參加德國的交易會，與商會接觸。在德國，它們是有聲望的機構。
- 與德國人會面和分手時要有力地握手，不要稱呼人的教名，除非被要求這樣做。
- 談論的話題一般可以是天氣、旅行、業餘消遣或旅遊。
- 德國人忌諱談論政治和第二次世界大戰。他們的隱私感極強，一般不願提及個人問題。

如何與日本人談判

日本人有較強的進取心，工作認真，事事考慮長遠的影響。他們慎重、禮貌、耐心、自信，其談判風格不僅與西方人大相逕庭，即使與亞洲其他國家的人相比，也有很大差異。

在商務談判中，日本人首先著眼於商品的品質、包裝和生產工廠，而後才會談及價格。在他們心中，產品的品質、優質的服務和可接受的價格這三個要素缺一不可。一旦他們與你做成了第一筆生意，而且很順利，他們就會繼續與你合作下去，即使再有其他貿易公司報以更優惠的價格，他們也不會輕易轉向這家公司買貨。

與日本人談判不能一接觸就切入正題，而要先談友誼和信任。一般來說，與日本人談判最為關鍵的一點是信任。為了建立關係，日本人經常採用「私人交流」的方式，即便當相互之間是由普通的第三方介紹認識時也是如此。日本人只有在與對方相處感覺和睦融洽時才會開始討論談判事項。一旦談判雙方建立起關係，實際談判程序就會變得容易。

在與日本人進行談判時，須注意的要點有：

- 要遵守時間。在東京，如果要去某處，你應該多留出一點時間，因為交通阻塞要花很長時間。
- 日本人的等級觀念很重，他們非常重視地位，在談判之前，務必弄清日本談判者的級別、身分和職務，以便在談判時以同等身分的人員與之接觸。
- 可透過某個第三者 —— 最好是某個了解你本人、你的背景、你的機構，並且你願意與其做生意的日本公司的人的介紹，接近該公司。介紹可以透過信函方式，也可以是親自見面的方式。
- 商業關係很重要。你必須自薦，然後你才能銷售產品或服務。日本人可能想知道你的年齡、你所上過的大學以及你的家庭，然後才是商業問題。你要對對方表示同樣的興趣。
- 不要單獨行動。通常你的日本對手會是一個談判代表團。
- 你的建議應該務實、詳盡、專業性強。

- 在討論某個主題之前，應提供譯成日文的書面資料。日本人不喜歡出其不意。應該為談判代表團的每個成員都提供資料複印本，這將會加快決策的進程。
- 記住，日本人常常強調長期的可行性，強調資產和有形工廠，而不是短期利潤或資金流動。
- 避免那些可能會為難對方的唐突、直接的陳述和問題。
- 日本人談判時慣用「打折扣吃小虧，抬高價賺大錢」和「放長線、釣大魚」等談判手腕，對此應保持清醒的頭腦。

日本人的決策步驟可概括為兩大特性：自下而上，集體參與。這種決策制度運作緩慢，因此必須要有耐心。

日本人講話拐彎抹角大多是出於保全個人面子及整體和睦的需要，因此在與日本人談判時對其語言的正確理解至關重要，建議談判時應任用高水準的日語翻譯。

日本人不會對別人的建議直接說「不」，他們認為表面上的和諧是重要的。因此，日本人會說はい（是的），但這並不一定是表示同意。它可能只意味著「是的，我理解你的觀點」，或者「是的，這需要進一步的研究。」

與日本人談判時視線間的直接接觸較少，而且沉默時間較多。日本人在談判期間，經常保持沉默。要有耐心，讓他們先講。

應該了解到，在日本，供應商不僅僅銷售零件，他們還參與產品開發。

合約要在日本公司各級都得到批准。不過，一旦決策訂下後，將立即得到貫徹執行。

要準備聘用中間人來幫助解決分歧。

日本人非常強調非語言交際。合適的鞠躬角度被認為是重要的。日本人以鞠躬表明他們對對方的敬意程度。

可以和日本人談論日本的飲食、日本美麗的建築、體育（尤其是棒球和高爾夫球），以及你所訪問過的其他國家。

避免不斷地表現自己對事情的看法，避免顯得過分自傲。日本人強調的是團體而不是個人。

避免談論第二次世界大戰。

倘若你的日本人東道主向你個人贈送禮物，請不要在公開場合打開它。如果他的同事看見禮物太昂貴或太寒磣，你的東道主或許會丟了面子。

如何與韓國人談判

韓國人比較直接了當，不是很在乎面子。這部分緣於這個民族的特點，部分緣於他們作為個人、作為公司和作為一個國家更急於取得進步。

韓國人是較難對付的談判者。與韓國人談判成功的關鍵在於和他們建立牢固的關係，他們高度重視建立起來的相互信賴關係和彼此間的尊重。韓國人常常在不知不覺中轉入談判正題。因此，從談判一開始就要時刻警惕，首先簡明扼要地介紹一下將要討論的問題，逐步地敘及細節，以誘導他們給出反應。在提出自己的見解時也不要過於轉彎抹角或含糊其辭，要避免強行推銷。在闡述情況時，要冷靜地有條理地闡述清楚。

在和韓國人談判前，你必須要注意以下幾個方面：

- 要聘用一名得到政府認可的代理人。
- 談判前要做好充分的諮詢準備工作，韓國人通常要先諮詢與了解對手，因此一旦韓國人與你坐在一起談判，那麼可以肯定地說，他已對這場談判進行了周密的準備。
- 橫向式談判和縱向式談判是韓國人常用的兩種談判方法。前者是先談主要條款，然後談次要條款，最後談附加條款；後者即對雙方共同提出的條款逐條協商。有時也會兩種方法兼而用之。

- 韓國人時常使用「聲東擊西」、「先苦後甜」、「疲勞戰術」等策略。有些韓國商人直到最後一刻仍會提出「價格再降一點」的要求。
- 既要講究策略又要通情達理，過於直率可能會使你的交易付出代價。
- 要有耐心，可能會很緩慢才能達成結果。
- 談判可能會反覆，要做好準備提供詳盡情況。
- 韓國人在做決定時，會就一些重要問題再三向對方確認。因此，不斷重複地回答將比新的創造性回答更有助於增強對手對你的信心。
- 不要表現出你對自己或公司所取得的成就過分自豪。
- 和韓國人見面時應該鞠躬，要與男子握手。握手表示尊敬時，左手可以支撐著右臂。女性則不像男性那樣經常握手。雙方握手後，雙手呈遞和接過商務性名片。要用雙手呈遞任何東西，或用左手支撐右手臂或手肘呈遞。

談論的話題可以是韓國文化和國家的經濟成就，韓國人對這些成就引以為榮。另外，足球、棒球、跆拳道、拳擊和籃球是韓國非常普及的運動，其中跆拳道起源於韓國。爬山和徒步旅行也是韓國人很喜愛的業餘活動。

韓國人很謙和，恭維話會被友好地拒絕。

韓國人在為難時往往會以笑帶過。

避免談論政治。不要把韓國與日本進行比較。韓國人是日本人的競爭對手。

韓國人十分重視選擇談判地點，他們一般喜歡選擇有名氣的酒店進行會晤，並且非常重視談判開始階段的氣氛。見面時熱情地與對方打招呼，向對方介紹自己的姓名、職務等。當被問及喜歡喝哪種飲料時，他們一般選擇對方喜歡的飲料，以示對對方的尊重。

如何與英國人談判

言行持重的英國人不會輕易與對方建立個人關係，所以初與英國人接觸時，剛開始總會感覺有一段距離，但一旦建立起友誼，他們會十分珍惜，長期信任你。

英國人看重秩序、紀律和責任，團隊中的權力自上而下流動，決策多來自於上層。他們以嚴謹著稱，崇尚守時、按日程或計畫辦事的習慣和傳統，在談判中講究效率，因此談判大多進行得較為緊湊、不拖泥帶水。英國人在談判中喜歡設關卡，只要他們認為某個細節沒有解決，就不會同意簽約。此時應有足夠的耐心，不要把自己的意見強加於人，要耐心說服，並且提供有力的證明資料，這樣才不會導致談判的破裂。

為了成功地完成與英國人談判的任務，需要掌握好以下幾點：

- 要有嚴格的時間觀念，和英國人的約會，要準時到達。
- 了解大多數英國談判者不喜歡討價還價的特點。尤其在倫敦，他們一般都是說一不二。北部英格蘭、蘇格蘭、威爾斯以及北愛爾蘭則隨和一些。
- 要盡可能縮短閒談時間，不要過於突出自己。
- 不要指望你與英國人的談判能像和美國人的那樣乾脆、快速。
- 陳述應該實際、詳盡和穩健。
- 為了取得進展，你應該為自己留有餘地，但不必妥協犧牲太大。英國人常會提出溫和的要求。
- 盡量不要催促英國人達成協議，也不要顯得匆忙。記住在合約裡要寫上延遲發貨要受重罰的條款。

- 資金和品質不是主要問題。英國人將會在資金方面予以幫助。他們的貨物也是高品質的。
- 要注意談判中政治和工會方面的影響。官僚方面的要求將是煩瑣的，混雜著政治方面的影響，工會也有勢力。如果你準備就某項聯合營運的新設備的開工問題進行談判，應請求尋找一個「合適」的工會。
- 見面和告辭時要與男性握手，女性則不必握手，或者等她們先伸出手來再與其握手。

英國人喜歡談論他們豐富的文化遺產。他們還喜愛動物，並樂於談論動物。像足球、橄欖球、羽毛球、划船、游泳和網球也是英國人非常喜歡的體育運動。

避免談論政治或宗教。不要對皇室的地位、角色或財富做出批評。

要避免談論私人問題和感情外露的接觸。

要避免把英國與美國相比較。

不要高聲談話或舉止放肆。講話的聲音以對方能聽見為宜。

避免嘲笑英國人對狗的喜愛（看見狗陪伴英國人進餐廳或酒店，這是常事）。

要明顯地表露出對年長者的禮貌。

要說「British（英國的）」而不是「English（英格蘭的）」一詞。記住，他們雖然居住在倫敦，但可能有威爾斯、愛爾蘭或蘇格蘭背景。此外，來自蘇格蘭的人叫 Scots 或 Scotsman。

如何與法國人談判

法國人開朗、樂觀、熱情，他們非常重視相互信任的朋友關係。在法國人看來，談判是進行辯論和闡述哲理的機會，他們總是圍繞著一個問題從各個角度加以研究，直到從推理中找到一條解決問題的道路為止。法國人偏愛橫向談判，談判的重點在於整個交易是否可行，而不太重視細節部分。

在談妥主要問題之後，法國人就會急於簽約，他們認為具體問題以後可以再商討或是日後發現問題時再修改。所以，和法國人談判最好將各條款和細節反覆確認，避免誤會或改約、棄約等不愉快。

與法國人進行談判，你需要掌握以下要點：

- 在簡短的互致問候後，直接進入討論的要點。如果你是在法國談判，讓你的東道主主導討論。個人之間的關係通常是在確立了商務關係之後才鞏固的。
- 陳述應該是規範的、帶有資訊量的、理性的和有節制的。
- 法國人運用理性和邏輯做談判，接收到新的想法應該仔細研究，在概念上的講解要有力。
- 允許有充分的時間；決定要在仔細推敲後做出。
- 儘管法國人往往很含蓄，但是，他們在團體中時卻好爭辯，對討論內容持不同意見。法國人通常直接而公開地陳述自己的意圖。
- 避免苛刻的交易。法國人在商務中非常拘謹和保守。
- 一項協議可能會在口頭上達成，隨後才是書面的。
- 徵求當地代表或代理人的意見。合資經營企業或分支機構，甚至全法國的銷售網，這些形式是獲得成功所必需的。

- 常見的問候語有 Bonjour（您好）、Comment allez-vous?（您好嗎？）和 Cava?（在較隨便場合下使用的「您好嗎？」）
- 法國人會面時，往往喜歡迅速而稍有力的握手，他們在離開時，會向所有他被引見過的人再次握手道別。女性通常不主動向男性伸出手，所以男性應該主動問候。但不要主動向身為主管的女性伸手。

你可以和法國人談論法國的藝術、建築、食品和歷史。足球和橄欖球是大眾喜愛觀看的運動。釣魚、騎車、網球、徒步旅行、滑雪和划船則是大眾喜愛的個人運動。

法國人具有與美國人一樣的種族優越感——對他們的文化極端自豪和以自我為中心。

避免討論政治、金錢和私事。

美國 OK（好，可以。大拇指和食指形成一個圓圈）在法國表示為「零」。法國人表示好的手勢是美國人的「翹拇指」。

如何與俄羅斯人談判

俄羅斯人不怕提出強硬的初步要求。他們期待你能對他們表示尊重。在美國人看來，這麼做是很傲慢的，而俄羅斯人卻不這麼想。應該了解和你談判的人，讓他們知道你對他們的印象有多麼深刻。他們有非常官僚主義的思想，所以他們不怕說自己沒有權力決定，這樣可能會讓你非常灰心。俄羅斯人讓許多其他人都簽字以遵守每個決定，藉此保護自己免於承擔責任。俄羅斯人認為除非他們被授權做某事，否則不能去做。

俄羅斯人不怕說出自己關心的事，即使它會使你輾轉不安。試著欣賞這種直率，不要讓它成為你的煩惱。像對待任何發怒的人一樣，讓他脫離他現有的主張，重新關心你們的共同利益。

在與俄羅斯人談判時，你需要注意以下要點：

- 俄羅斯人的地位意識很強，而且想跟你的主要決策者打交道。要有準備在高層行政上投入大量時間，盡可能使用公司授予你的能夠給人留下最深印象的頭銜。
- 如果你在俄羅斯本土談判，由於該國的商務交流需要經過有關部門安排，並且由於機構官僚化，其進展速度可能相當緩慢。
- 陳述應該實際和詳盡。要做好準備，出色地回答尤其是高技術產品的技術方面和製作標準等問題。俄羅斯人想確切地知道他們正在購買什麼。可以考慮隨身帶一名專家。
- 沒有必要指望或期待與你的俄羅斯對手建立長期個人關係。
- 要有耐心。俄羅斯談判者通常只有有限的權力，所以，他們經常要向總部匯報。因此，俄羅斯人讓步時速度很緩慢。
- 俄羅斯談判者首先是從最弱的競爭者那裡獲得讓步，然後再要求你給予他「所需的讓步」。
- 如果你是一個銷售商，應該判斷對方是否真的有興趣和能力為你的產品或服務支付報酬。倘若你感覺到對方只是想要獲得資訊而不是做生意，就不要提供詳細的資訊。
- 如果對方需要你的產品，尤其需要你的高技術產品，那你的價格可以比在其他國家便宜一些。
- 談判時要給自己多留餘地。俄羅斯人首先提出的要求往往是極端的。
- 你的俄羅斯對手會經常使用拖延戰術，所以你要有心理準備，你的提議要在相當長的一段時間後才有回音。

要記得另一個常見的俄羅斯戰術是強調你身為銷售商所面臨的激烈競爭，有時候會提出競爭者的說法。如果對方使用這些戰術，你一定要指出你的產品是高品質的，無論在哪裡都是非常有價值的。

你在俄羅斯做生意的最大困難之一是對方用什麼貨幣支付。通常沒有人想要盧布。

可以計劃在談判結束之前至少一次在俄羅斯旅行。做成一筆生意或建立一個合資企業也許需要幾年的時間。

在達成最後協議之前，應該再三檢查以確保所有條款都經過充分考慮。在你認為所有的細節都被解決之後，俄羅斯人在最後一分鐘提出要求也是常見的。

俄羅斯人見面和離開時都會有力地握手。

俄羅斯的個人地位意識很強，所以，稱呼人時要在其姓氏前加上頭銜（如部長、先生、夫人、小姐等）。

要使用印有斯拉夫文（現代俄語字母的本源）和英語的商業名片。

俄羅斯人對他們的藝術、建築、文學、芭蕾、戲劇和其他文化成就都頗為自豪。另外，曲棍球、足球、籃球、排球和越野滑雪是大眾體育運動，下棋也是很普及的業餘活動。

俄羅斯人不善於使用手勢和臉部表情，因此他們的一般形象有時是僵硬、笨拙的。

避免談論政治、社會現狀（譬如酗酒問題）或俄國歷史的消極方面。

如何與阿拉伯人談判

阿拉伯人通常要花很長時間才能做出談判的決策。他們不希望透過電話來談生意。當外商想向他們推銷某種商品時，必須經過多次拜訪，有時甚至第二次、第三次拜訪都還接觸不到實質性的問題。與他們打交道，必須先爭取他們的好感和信任，建立朋友關係。只有這樣，下一步的交易才會進展順利。他們在商務談判中對討價還價情有獨鍾，他們甚至認為，不議價就買走東西的人，還不如討價還價後什麼也不買的人受賣主的尊重。

你須在談判中注意以下方面：

- 如果是初次和阿拉伯人做生意，請找一名代理人。關係很重要，你的代理人會把你介紹給合適的人，並且節省你許多時間。
- 要建立起一種信心和信任。價格應該予以討論，就像是朋友之間的事情一樣。在任何時候要保持互相尊敬。阿拉伯談判者把他們看做在與「人」而不是與「公司」或「契約」做生意。
- 要不斷地走訪以建立起友誼。透過電話或書面通信的方式做生意可能是徒勞的。
- 把你的建議譯成阿拉伯文。即使你的對手會講流利的英語，但他的一些隨員可能不會講。
- 要有耐心，在談判期間，不要強迫對方立即肯定或否定的回答。否則，這會被視為太過分。要允許阿拉伯人有考慮的時間。
- 在討價還價時，通常以高報價開始，然後進行一系列例行公事性的讓步。大肆討價還價的辦法不是很奏效。
- 在你們的談判場所，可能同時進行著不止一個會議。在你們談判期間，經常會有干擾，一些人不斷進出走動。
- 最後期限常常會被忽略。
- 談判通常以端上咖啡或茶表示結束，這也常是安排下一次談判的時間。
- 要努力獲得一份書面合約，然後對其進行再談判。為了獲得一份詳盡的書面合約，你可能會遇到阻力。不過，在就廣泛的概念問題達成一致後，應該盡可能把細節記錄下來。合約要以英文和阿拉伯文書寫。在沙烏地阿拉伯，英文合約也是有法律效力的。

稱呼對方時在第一個名字前加上頭銜，譬如 Mr. Sheik（酋長）、ExceHcncy（陛下）（用於部長）或 Your Highness（殿下）。譬如，穆罕默德．阿卜杜勒．瓦哈卜酋長可以被稱呼為穆罕默德酋長；阿卜杜勒 - 拉赫曼．本．費薩爾王子可以被稱呼為阿卜杜勒王子殿下。

見面和離開時要和每個在場者輕而簡短的握手。在阿拉伯，人們經常握手，問候語很周到。

在商業談判中，很少會有阿拉伯婦女在場。但是，如果有某個阿拉伯婦女在場，男子不應該與其握手或被介紹認識。

阿拉伯男子經常彼此擁抱和互吻臉頰，但對西方人不會這樣。

使用印有阿拉伯文和英文的商務性名片。

阿拉伯人通常喜歡談論他們國家的歷史、他們的城市或者他們的藝術風格。可設法談論他們快速發展的技術，以及品質上乘的咖啡和茶。

儘管大部分阿拉伯商人懂得基本的英語，但是，你要講得簡單和緩慢，避免使用行話。

你們應該保持視線的接觸，使用明顯的手勢。

不要過分讚譽某物。否則，你的東道主或許會因此堅持將它送給你。

在阿拉伯國家，應習慣於比在美國更近的身體間距。 在日常交談中，阿拉伯人往往會離你很近地坐或站立，把手放在你的肩上，用手拍你的肩臂或觸碰你。男人之間手牽手在街上行走是常見的。

避免討論宗教、中東政治或婦女。記住，在中東大部分地區，宗教和政治是交織在一起的。

在某個阿拉伯人的家裡，不要詢問家中女人和女孩子的情況。不過，可以簡略地詢問家庭或他孩子的情況。

在阿拉伯，人的腳底絕不可朝著對方。

應付不同性格對手的策略

人的性格按照不同的分類標準劃分就會有不同的分類，這裡所說的性格主要是按談判者的理智、情緒、意志等心理機制所占比例不同來劃分的。按照這種標準可把談判對手分為四種類型：理智型、情緒型、意志型、中間型，不同類型的對手採用的應對技巧也不同。

應付理智型對手的技巧

所謂理智型，是指在談判中事事處處都從理性角度思考和處理問題的人。遇事先問「為什麼？」對人則保持一定的距離，重視觀察對方，凡事三思而後行。「見人只說三分話，未可全拋一片心」。根據其表現傾向的不同，理智型的人在實際談判中也有內向型、過於理智型、理智表現適中型三種傾向類型。

因此，在談判中與理智型的對手相遇，首先要觀察他的性格傾向。假如是內向型的，那麼自己就不要誇誇其談了。但一定要調動他的積極性，尤其他的談興，讓他在一些問題上表態。

要知道，人的性格內向，不等於不說話、不會說話，他只是不愛說話。如果以適當的方式調動其積極性，他亦會積極地發言。如果對方過於理智而對事物多持懷疑態度，必須提供有力的談判資料，如權威人士的鑑定書、官方的證明文件、使用者案例證明以及能去除其懷疑的相關資信證明，以說服、取得他們的信賴，而不要在價格、優惠條件方面輕易讓步。輕易讓步只會加重其懷疑的心理，效果可能會適得其反。

對於因過分理智而持慎重態度的談判者，要配合對方的步調心安勿躁、慢慢談判，不要強迫其接受自己的建議。

對於理智表現適中者，盡可能以子之矛攻子之盾，以理智的方法對待。推銷談判人員可以努力爭取己方利益，但很難達到最高期望值。不過這種談判者在爭取他本身最大利益的同時，會考慮對方的利益，絕不會超越對方的臨界點。但他絕對會為爭得最大利益而堅持不懈。對於這種對手，推銷談判人員還是小心為妙。場外私下會面的謀略有時比在談判桌上更能解決問題。

但不管對方屬於哪種傾向，只要是理智型的人，其在討價還價中都討厭對方過分熱情的態度以及過分活躍、誇誇其談，而且個性較強勢，不輕易接受別人的意見，不喜歡被人說服。

正是由於他們過於理智，不輕易相信對方，甚至常常懷疑對方有意誇大產品優點，掩飾缺點。因此，在談判中總是大幅度壓價，要求各種優惠條件。其中尤以那些知識淵博、經驗豐富，以理智為主，以感情為輔的談判者最為高明，亦最難對付。這種人在談判前對市場行情、商品性質、對手情況作過詳細調查，並經過周密的思考和理性的分析，因此發言或做出某種決策前，總是反覆衡量各種利弊因素，出口一言九鼎，決策穩妥可行，使人極難有反駁的餘地。所以，推銷談判人員在面對理智型對手的時候一定要慎之又慎，不能有任何差錯，更不能誤入對方的「圈套」導致己方利益受損。

應付情緒型對手的技巧

所謂情緒型的人，主要是指在與客戶談判中以情緒為主、以理智為輔的談判對手。這種類型人的心胸很開闊，個性隨和，說話直率，為人坦誠，容易接近，慷慨大方，在其情緒高昂時較容易達成協議。

這種人通常眼光遠大、果斷，有行動力、駕馭力、領導力。但其不足之處亦十分明顯，即在情緒上往往會呈現週期性的變化，情緒不穩定，喜怒無常。情緒高昂時，工作熱情高，很多事情都容易解決，甚至可以超乎尋常的慷慨大方；情緒低落時，則事情比較難通融。不僅可能會出言不遜，惡語傷人，而且可能不計後果，無論其條件多麼優惠，都會斷然拒絕達成協議。

總之，情緒變化幅度大的話，對討價還價就有不確定性影響。這是因為這類人自尊心很強，易動感情，常以感情代替理智的緣故。

與情緒型的人談判，若想獲得成功，必須時刻注意觀察和掌握他的情緒變化。所採用的技巧就必須始終使其保持良好的情緒，比如利用其慷慨大方，你可以示弱於他；利用其虛榮心，可對之恭維，但同時又要適當地壓抑對方的情緒，防止他走向極端。也就是說「示弱」、「恭維」，都要適可而止，以免讓其提高警覺而走向反面。因為他愛憎分明、坦誠直爽、貪慕虛榮，但討厭虛偽。一旦發現你的「恭維」或「示弱」帶有陰謀、虛偽性質，他的情緒會一落千丈，並且厭惡之情溢於言表。那將給雙方的討價還價帶來嚴重的後果。

對待情緒型的人，尤其是表現出很有虛榮心的人，必須顧全其面子。失掉面子的談判者是無意再進行交易的，尤其是虛榮型的人。如果讓其失掉面子，他會堅決撤退，即使交易條件再好也在所不惜。因為他認為面子的價值比討價還價本身更重要。

保全對方面子的辦法很多。譬如，在討價還價時針對問題而不要針對人進行討論；當對方被逼到非常難堪的地步時，可選擇「替罪羔羊」讓他面子上過得去等等。此外，情緒型的人可能頻繁發言，說話不負責任的也不少見，讓其立字為憑比較保險。

所以推銷談判人員在面對此種類型的對手時，既要顧全其面子，滿足其虛榮心理，又要防止其放縱過度，對己不利，而且更重要的一點是不要被他發揮以感情見長的優勢在不知不覺中將你說服。

應付意志型對手的技巧

所謂意志型的人，是指在談判中目的性很強，且有毅力、有自制力、有恆心的談判對手。其實際表現又有剛強、固執、凶悍、頑固之分，尤以剛強類型和固執類型最為常見。

對付固執類型的人，不能在討價還價一開始就直奔目標，可採取「以迂為直」的謀略，以十分的冷靜和足夠的耐心，溫文爾雅地向最終目標推進。還要不斷地誘發他的需要，並提出有力的證據，讓其相信我方建議或主張的正確性，但不能觸及他可能一定會堅持的東西。固執者並不是是非不明，也不是他的觀點不能改變，只是不易改變，只要方法得當，就能使他改變。「軟硬兼施」、「冷熱戰術」都被證明是行之有效的謀略；有意製造衝突，然後設法恢復常態；有意製造僵局，然後破解僵局；就是有效的冷熱戰術。只是實施這些戰術時要張弛有度，收放自如。

剛強類型的人是意志型的人中最難對付的。這類人知識豐富、談判經驗老到，是一個真正優秀的談判者。

不過，這類人並非都是所向披靡的。人總有其軟弱、不足的一面。只要做到「知己知彼」，並因具體情況設定謀略，沒有過不去的難關。譬如，對剛強者不宜與其針鋒相對，以剛對剛，則會迸出火花；以柔克剛，則可使其鋒芒無用武之地。

而凶悍類型和頑固類型則屬於談判過程中較極端的類型，一般來說，對付這種對手比較容易。因為他有明顯的不足，就是他最大的致命之處，抓住其要害，則很容易使用謀略。譬如對付頑固類型可以利用「聲東擊西」的技巧，誘使他相信他本不應相信的東西，或誘使他贊成他不該贊成的東西，而你卻故意與之相左。談判到了一定火候，再改變態度，讓其沾沾自喜，實為謀略的重大成功。

對付凶悍類型的人，直言其態度過分，行為失當，或用一定辦法讓其清醒、讓其明白：己方忍耐力是有限的。並進一步提出新的談話方向，適當地給他臺階下，以便能繼續談判下去。最能對付極端類型的殺手鐧，是要求對方更換談判者，或乾脆退出談判。因為與這類人通常不能談出什麼結果。

應付中間型對手的技巧

所謂中間型的人是指混合了各種類型風格的談判對手，即是混合型風格的人，這只是理論上的說法，在其實際表現中還是會有其傾向的，或傾向理智型、或傾向於情緒型、或傾向於意志型或是二者兼而有之。所以對付中間類型的對手，就必須在談判過程中判斷其言論與行動。如有明顯傾向，即按其傾向採取對策。如果此類人兼有上述各類人的優點，加上高智商的話，就可能是談判過程中最難對付的人。

中間型對手談話彬彬有禮，處事富有情感又不乏理智；意志頑強又善於適度、適時地讓步；善於交際又不失原則；長於用謀又無可挑剔；威而不怒、嚴而不驕、冷而不寒、熱而不躁、不卑不亢、落落大方。談判桌上是對手，在談判場外是朋友；每臨大事能沉著，凡遇原則皆思量；原則問題上絕不讓步，次要問題則得饒人處且饒人；將大智、大將風度集於一身。這樣的人有企業家的頭腦，外交家的風度，宣傳家的技巧，軍事家的謀略。談判中遇到這樣的對手，那才是最可怕的，你只有施展出所有謀略與技巧，盡力對付他，這是真正的鬥智、鬥勇、鬥謀、鬥心的較量，稍有不慎，就可能鑄成大錯。

第 10 章　進退有度，掌握主動

在面對各種各樣類型的談判對手時，制定談判方案要因人而異，善於洞察人情世故和隨機應變。只有如此，你才能在與客戶的談判中立於不敗之地。

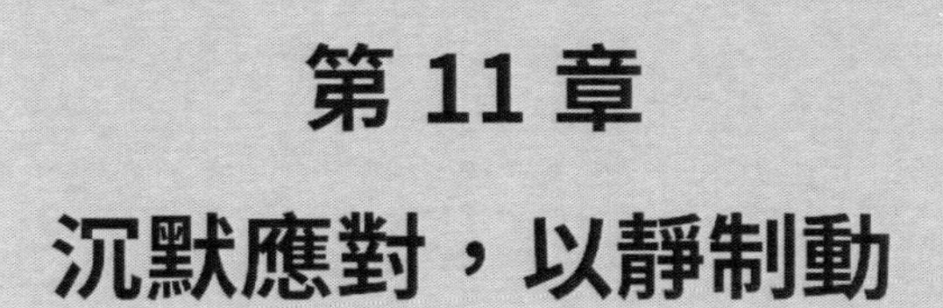

第 11 章
沉默應對，以靜制動

此時無聲勝有聲

沉默不語也是談判中的一種武器。如果對方提出不合理的要求，或者你對他所說的東西感到厭煩，最好就坐在那裡，一言不發。

我們有時會看到這樣的現象：一位談判者在和別人談話時，當他感到乏味時，會拿起桌上的報紙或其他什麼，隨便翻閱起來，這是暗示對方，報紙雖然很乏味，但也比你的話有意思。這種做法，無疑是讓對方終止談話。

談判中，恰到好處的沉默也是一種藝術，正所謂「此時無聲勝有聲」。

某位英國政治家在一次演講中，突然停頓，取出了手表，站在講臺上一聲不響地看著觀眾，時間長達 72 秒之久。正當聽眾迷惑不解之時，他說：「諸位剛才所感覺到的、侷促不安的 72 秒長的時間，就是普通工人砌一塊磚所用的時間。」他以停頓的方式來表現演講內容，實屬高超，這是吸引聽眾注意力的一種方法。

談判中沉默所表達的意義是豐富多彩的。它既可以是無言的讚許，也可以是無聲的抗議；既可以是欣然默認，也可以是保留己見；既可以是威嚴的鎮懾，也可以是心虛的流露；既可以是毫無主見、附和眾議的表示，也可以是決心已定，不達目的絕不罷休的標誌。

當然，在一定的語言環境中，停頓的語義是明確的。林肯在辯論中善於使用沉默，甚至運用沉默反敗為勝。

林肯和道格拉斯著名的辯論接近尾聲之際，所有的跡象都指出林肯已失敗。在林肯最後的一次演說中，他突然停頓下來，默默站了一分鐘，望著他面前那些一半是朋友一半是旁觀者的群眾的臉。然後，以他那獨特的單調聲音說道：「朋友們，不管是道格拉斯法官或我自己被選入美國參議院，都是無關緊要的，一點關係也沒有；但是，我們今天向你們提出的這個重大的問題才是最重要的，遠勝於任何個人的利益和任何人的政治前途。朋友們——」

說到這裡，林肯又停了下來，聽眾們屏息以待，唯恐漏掉了一個字。「即使道格拉斯法官和我自己的那條可憐、脆弱、無用的舌頭已經安息在墳墓中時，這個問題仍將繼續存在……」

林肯這段話中，兩次用停頓來緊緊拴住聽眾的心，為他的演說增添了感人的氣氛，從而達到了出乎意料的效果。

沉默不僅可以增強語言的效果，也可以用來對付談判對手。

比如，你提出一個誠懇的建議，而對方卻給了你一個不完全的回答。這時，你應該等下去。

沉默，往往會使人感到不自在，常常會造成一種僵持的感覺，使對方覺得非以回答你的問題或提出新建議的方式，來打破僵持不可。

要注意的是，你提出問題並沉默後，不要繼續提出其他問題或發表評論，以防幫助對方從僵持中解脫出來。這樣，你的這一計策就沒有奏效。用沉默來對付話太多的對手，當然還有一個禮貌的問題。如果對方在熱情地講述著，你卻表現得極不耐煩，或無動於衷，那當然是不禮貌的。但這時如果你隨聲附和一兩句時，對方會誤認為是對他的贊同，這樣他說起來就會更起勁。你不妨採取這種方式的沉默：不時地端起茶來勸飲。或者不時地看看錶。這樣，多數人見到這種姿態就會終止談話。當然，也有少部分人會故意視而不見，非得講完不可。這時，你可以做一些明顯動作：如動一動身體。或故意上一趟廁所。或藉故做點別的事。如果擔心這些動作還是有不禮貌之嫌，你可以眼睛故意不看對方，而看身旁的某處。

從道理上講，聽別人講話時應當看對方眼睛才算有禮貌。透過雙目交流，達到感情的互相溝通。但當你避開對方視線時，這種溝通就會受影響，從而減弱對方的講話興致。

裝聾作啞，巧制恫嚇

第一次世界大戰之後，土耳其人開始揚眉吐氣了，他們打敗了甘作英國傀儡的希臘。而當時的英國政府卻嚥不下這口氣，他們拉攏了法、義、日、俄、希臘，與土耳其在洛桑談判，企圖脅迫土耳其簽訂不平等條約。

土耳其派了伊斯麥特出席，他就採用了裝聾作啞的方法。當談判進行到關鍵時刻，土耳其代表提出了維護其主權利益的條件時，一下子就觸怒了英國代表，英國代表跳起來咆哮如雷，揮拳吼叫，又是恫嚇，又是威脅，諸列強代表皆倒向英國方，氣勢洶洶，助紂為虐。伊斯麥特的耳朵雖然有點聾，但一般還能勉強聽得見。至於大聲叫喊，更是句句聽得清楚，但他卻大裝其聾，一聲不吭。等英國代表聲嘶力竭叫完了，他不慌不忙地張開右手靠近耳邊，把身子移向英國代表，十分溫和地問：「您說什麼，我還沒聽清楚呢，請您再說一遍！」

英國代表被弄得精疲力盡。

伊斯麥特的「裝聾對策」在當時的談判中，對其有利的發言，句句聽得真真切切；對他不利的時候，就裝聾；對於威脅和恫嚇則「聾」得更厲害。伊斯麥特面對列強們以戰爭相威脅的局面，堅持以靜制動的策略，維護了土耳其的利益。

吹毛求疵，討價還價

談判中，在討價還價時，對方的知名度越高，對我方越不利。

當對方的知名度很高時，其要價往往居高不下，成交價格也就很難降低。因此，要降低對方的要價，首先要降低對方的商品價值。

挑剔對方商品的毛病，就等於貶低商品的價值。如果商品的價值被貶低，商品價格在人們心目中就失去了應有的基礎。

因此，談判討價還價時，如果能將對方的商品挑出一大堆毛病來，比如從商品的功能、品質到商品的款式、色澤等方面吹毛求疵，這樣，就等於向對方聲明：看，你的商品也是有不足的。對方原先的要價就會成為空中樓閣。

談判者要討價還價，就要了解一些有關商品的技術知識，了解商品的類別、型號、規格、功用及商品構造原理，懂得商品鑑別和選擇的方法和技巧。

只有掌握了商品的有關技術知識，才能有助於正確的估價商品，避免在談判中吃虧上當。而且要對對方的商品吹毛求疵，才能挑到重點上，使對方能服氣。

有時談判中為了虛張聲勢，也需要採取吹毛求疵的戰術，使對方知道你是精明的，才可以防止被人欺騙。

談判中吹毛求疵，要能擊中對方的要害，要有突破的重點。抓住對方商品品質的某一不足，找出充分的證據，進行深刻的分析。

還有，談判中不能對任何商品都採取吹毛求疵的方法。對一些優質產品，就不能一味貶低。對某些商品的貶低如果過度，可能會引起對方的反感，甚至激怒對方。出現這種結果的話，明顯對談判的順利進行是不利的。

善於拒絕，學會說「No」

在談判過程中，當你不同意對方觀點的時候，一般不應該直接用「不」這個具有強烈的對抗色彩的字眼，更不能威脅和辱罵對方，應盡量把否定性的陳述以肯定的形式表示出來。

例如，當對方在某件事情上情緒不佳，措詞激烈的時候，你應該怎麼辦呢？

一個老練的談判者在這時候會說出一句對方完全料想不到的話：「我完全理解你的感受。」這句話巧妙之處在於，婉轉地表達了一個資訊：不贊成這麼做。但能使對方聽了心中寬慰，並使對方產生好感。

喜劇大師卓別林曾經說過：「學會說『不』吧！那樣你的生活將會好得多。」

一個人應該明白，他必須學會拒絕，才能贏得真正的交流、理解和尊敬。

身為談判者，尤其要學會拒絕的藝術。

拒絕的技巧有很多，但目的則只有一個，就是既要說出「不」字，又讓人覺得可以理解，盡可能減少對方因被拒絕而引起的不快。

對於談判，馬基維利有一句名言：「依我所見，一個老謀深算的人應該對任何人都不說威脅之詞或辱罵之言。因為兩者都不能削弱敵手的力量。威脅會使他們更加謹慎，辱罵會使他們更加恨你，並使他們更加耿耿於懷地設法傷害你。」

因此，談判中不要用否定對方的字眼。即使由於對方的堅持，讓談判出現僵局，需要表明自己的立場時，也不要指責對方。

你可以說：「在目前的情況下，我們最多只能做到這一步了。」

如果這時你可以就某一點給予妥協的話，你可以這樣說：「我認為，如果我們能妥善地解決那個問題，那麼，在這個問題上就不會有多大的意見。」既維護了自己的立場，又暗示變通的可能。在這裡用的詞都是「我」、「我們」，要少用「你」、「你們」。

談判中，遇到你必須拒絕的事情，而你又不願傷害對方的感情時，這時你可以尋找一些託詞。

例如：

「對不起，我實在決定不了，我必須與其他人商量一下。」

「等我向上司匯報後再答覆你吧！」

「讓我們暫且把這個問題放一放，先議論其他問題吧！」

這種辦法，可以暫時擺脫窘境，既可不傷害對方的感情，又可以使對方知道你有難處。但是，這種辦法總是有點不乾脆。

因為，這樣雖能一時敷衍過去，但對方以後還是可能再來糾纏你。總有一天，當他發覺這就是你的拒絕，明白你以前所有的話都是託詞，那時他就會對你產生很壞的印象。所以，有時不如乾脆一點，坦白一點，毫不含糊地講「不」。比如一個訓練有素的推銷員，從開口的那一瞬間起，就會使出各種說服的技巧來。這些說服的技巧，大致都是由幾句話連貫起來，想把聽者的心理導向對自己有利的方向。所以，你只要在這個誘導效果尚未發揮出來之前，分析其文句的連貫性，把每一句話逐句否定就可以了。

有一天，一位推銷員敲開老王的家門，說：「能不能給我 10 分鐘的時間，我是來做問卷調查的。」對方態度十分認真。其實，老王如果有時間，陪陪他是無所謂的。不巧，夫人不在家，而且，他正在寫期限已經很緊迫的稿子。老王正感到為難時，對方很快發現了門邊的羽毛球拍。於是他開口說：「您好像對羽毛球……」老王不得不打斷他的話：「不，那是我內人偶爾……」「哦，夫人會打，那真好……」「不好，老是不在家……」「有這種閒暇……」「那麼請借用 5 分鐘……」「應該已經超過 5 分鐘了吧？」

這樣一來一去，那位推銷員只好知難而退了。

從說服者的角度來看，他當然想要和對方貼上同類的標籤。如果在「你好像對羽毛球……」之後答一句「嗯，馬馬虎虎」，那麼，「標籤」就算已被貼上。然後，接下去就是「是不是從小就喜歡？」「是否參加過什麼比賽？」之類的問話，一直引導到他要推銷的產品上。

為了避免這樣的結果，在對方的標籤尚未貼到身上之前，就將其撕下，那對方就無計可施了。

在談判中使用一些敬語，也可以表達你拒絕的態度，傳遞你拒絕的資訊。

有位長年從事房地產交易的人說，生意能否談成，可以從客人看過土地或房屋後打來的電話裡得知一個大概。

大部分客人在看過房屋之後，會留下一句「我會用電話和你聯絡」，然後回去。沒多久，他們就打來電話了。從電話的語氣中，可以明白客人的心意。

若是有希望成交的回答，那語氣一定是帶有親密感，然而一開始就想拒絕的客人，則多半會使用敬語，說得彬彬有禮。根據多年的經驗，這位房地產經營老手一下子就會判斷出事情有沒有希望。

據說在法院的離婚判決席上出現的夫妻，很多都會連續使用敬語，好像彼此都很陌生似的。這也是想用敬語來設置彼此間的心理距離，互相在拒絕著對方的表現。

所以，當你想拒絕對方時，可以連連發出敬語，使對方產生「可能被拒絕」的預感，形成對方對於「不」的心理準備。

談判中拒絕對方，一定要講究策略。婉轉地拒絕，對方會心服口服；如果生硬地拒絕，對方則會產生不滿，甚至懷恨、仇視你。所以，一定要記住，拒絕對方，盡量不要傷害對方的自尊心。要讓對方明白，你的拒絕是出於不得已，並且感到很抱歉、很遺憾。盡量使你的拒絕溫柔而緩和。

美國的消費者團體，為了避免顧客被迫買下不願意買的東西，發行了《如何與推銷員打交道》之類的手冊。裡面介紹了如何拒絕來訪的推銷員的各種辦法。

據說，其中以「是的，但是……」法最為有效。

比如，對方說：「你聞聞看，很香吧？」

你可以說：「是的，但是……」

先承認對方的說法，然後，則以「但是」的託詞敷衍過去。

倘若開始就斷然說一句「不」，推銷員一定不會甘心，千方百計要說服你。可是，「是的，但是……」這類軟性拒絕的話，則對方再精明，也無可奈何，只好放棄說服你的企圖。

談判也是如此，說「是」總比斷然說「不」能給對方安心感。

也就是說，這時的「是」，發揮了把兩人的心聯結起來的「心橋」功能。一旦兩人之間架上了心橋，即使再聽到「不」也不容易起反感。

所以，當你想拒絕對方時，應先用「嗯，不錯」的話來肯定對方。或說：「是的，您說得一點也不錯。不過，請您耐心聽聽我的理由好嗎……」

這樣婉轉地敘述反對意見，對方比較容易接受。

對談判對手的要求，給予籠統的答覆，這也是拒絕對方的方法之一。

有一位廣告公司的負責人曾介紹自己的經驗說，對那些攜帶自己的作品來應徵的年輕人，如果他不滿意他們的作品，他就會用如下籠統的語言打發他離開：

「嗯，我不太看得懂你的作品，請畫一些我能看懂的作品來吧……」

「我今天很累，也許是昨夜工作得太晚的關係……」

這種拒絕是很籠統的。

「我不太看得懂你的作品」，那麼「我能看懂的作品」又是什麼？對方不清楚他的意圖，怎麼畫？

這樣一來，對方失去了進攻的目標，只好悻悻離去。

這種方法，可以既不讓你感覺到拒絕，卻巧妙地達到了拒絕的效果。

有時在購買東西時，往往要受到店員的糾纏。許多人不知道該如何拒絕。一位太太是這樣拒絕糾纏的：「不知道這種顏色合不合我先生的意。」

還有一位年輕少婦是這樣拒絕的：「要是我媽媽，我選我喜歡的就行了，但這是送給婆婆的呀，送她這個不知道她會不會滿意？」

顯然，這些拒絕本身都是非常籠統的。用這種籠統的方法拒絕對方，當然要比直接說出對對方貨物的不滿要好得多。總之，談判中，會說「不」字和不會說「不」字，效果是大相逕庭的。

你在說「不」字時，必須記住下面幾點：拒絕的態度要誠懇。拒絕的內容要明確。盡可能提出建議來代替拒絕。講明處境，說明會拒絕是因為毫無辦法。措詞要委婉含蓄。掌握好這些方法，你就是一個高明的談判者了。推託拖延也是拒絕對方的一種妙法。推託拖延的具體方法有兩種：一是借他人之口加以拒絕；二是誘導對方自我否定，這也不失為一種拒絕方法。

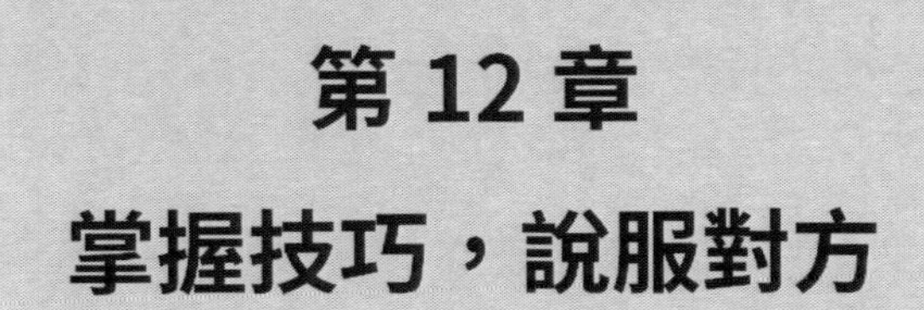

第 12 章

掌握技巧，說服對方

談判不是信口開河

現代商務談判是談判雙方為了獲取更大的經濟利益而展開的一場極富刺激性與挑戰性的競爭，是關於實力、智力、精力、毅力、語言表達能力、思考反應能力、交際能力等方面的大較量。在這種較量中，語言表達能力，即口才，具有非常重要的作用。

口才是將實力、智力、精力、交際能力等盡可能圓滿地表現出來，並最大限度地轉化為談判桌上的成果的工具。有時，良好的口才不僅能使你處於有利的位置，還能使你表現得瀟灑大方、魅力十足，給對手留下美好的印象，從而對談判產生潛移默化的影響。在現代商務談判中，口才雖不是萬能的，但沒有口才則是萬萬不能的。

下面簡單的介紹商務談判口才的特徵和基本原則。

談判口才的特徵

一般來說，商務談判口才可概括為以下四個特徵。

- **功利目的**：策動商務談判的動力就是對經濟利益最大限度的追求，談判各方都是為了滿足上述需求而走向談判桌的。無論是哪一層次的談判，個人之間的、企業之間的或是國家之間的，都是為了滿足上述功利需求而進行的。
- **話語隨機**：商務談判必須根據不同的談判對象、不同的談判內容、不同的談判階段、不同的談判時機來隨時調整自己的語言表達方式：包括不同的語氣，不同的修辭等等。
- **策略智取**：談判既是口才的角逐，也是智力的較量：或言不由衷，或微言大義；或旁敲側擊，或循循善誘；或一語中的；或快速激問；或絮語軟磨……要想取得談判的成功，必須智勇雙全，善於鼓動如簧巧舌，調動手中籌碼，不戰而屈人之兵。

- **追求時效**：談判注重效率，在戰術上具有很強的時效性。談判之初，參與雙方都有自己預定的談判決策方案，其中包括各談判階段所安排的內容、進度、目標，以及談判的截止日期等。這種時效性特徵也可用作迫使對方讓步的武器。

談判口才的原則

■ 禮貌用詞，以和為貴

俗話說「和言暖心」，在談判過程中，要注重滿足對方「獲得尊重的需要」，這可以為未來的合作奠定基礎。

在談判過程中，即使受了對方不禮貌或過激言詞的刺激，也應保持頭腦冷靜，盡量以柔和禮貌的語言來表達自己的意見，不僅要語調溫和，而且用詞都應適合談判場面的需要。應盡量避免使用一些極端用語，諸如：「行不行？不行就拉倒！」「就這樣定了，否則就算了！」等等。這無疑是欲速則不達，會激怒對方，把談判引向破裂。

■ 不要輕易加以評判

在談判過程中，即使你的意見是正確的，也不要輕易地對對手的行為、動機加以評判。因為如果評判失誤，將會導致雙方的對立而難以再實現合作。比如當你發現對方對某項指標的了解是非常老舊的，這時如果你貿然指責：「你了解的指標已經完全過時了……」對方聽了，顯然會無法馬上接受，甚至會產生一些負面的影響。如果改變一下陳述方式，則可能收到完全不同的效果。比如可以這樣說：「對於這項指標我和你有不同的看法，我的資料來源是……」這樣，就不會使對方產生反感，甚至會樂於接受你的觀點。

■ 不要輕易否定

在談判時，經常會出現雙方意見相反甚至激烈對抗的情況，這時盡量不要直接選用「不」等具有否定意義、帶有強烈對抗色彩的字眼。因為這樣很容易造成無法收拾的局面，對雙方都沒有什麼好處。

當對方不理智地以粗暴的態度對待你時，為了整個談判的大局著想，你仍應和言悅色地用肯定的句型來表示否定的意思。比如當對方情緒激動、措詞逆耳時，你不要寸土不讓、針鋒相對，可以委婉表示：「我理解你的心情，但你的做法卻值得推敲。」這樣即使對方在盛怒之中，也能接受你的話，就好像拳頭打在棉花團上，有火也不能發。等他冷靜下來時，對你的好感就會油然而生。

另外，當談判陷入僵局時，也不要輕易使用否定對方的任何字眼，而應該不失風度地說：「我已經盡了最大的努力，只能只做到目前這一步了。」還可以適當地運用「轉折」技巧，以免使「僵局」變成「死局」。即先予肯定，寬慰，再轉折委婉地表示否定的意思闡明自己不可動搖的立場。如「我理解你的處境，但是……」「你們的境況確實讓人同情，不過……」等等。雖然並沒有陳述什麼實質性的內容，但「將心比心」的體諒使對方很易在情感上產生共鳴，從而將「僵局」激活。

■ 要善於轉換話題

轉換話題的目的在於：A. 避開對己方不利的話題。B. 避開無法立即解決的爭論焦點。C. 拖延對某問題做出決定的時間。D. 把問題引向對己方有利的一面。E. 透過轉換闡述問題的角度來說服對方。

在談判時，應將重點放在對己方有利的問題上，對於對己方不利的問題不要深入探討或正面回答，可以繞個彎解釋或者「顧左右而言他」。如果這一招仍無法激活僵局，可以建議暫時休會，讓大家放鬆一下，以利進行冷靜的思考。

開場前摸清底細很重要

開場所進行的一切活動，一方面能夠為雙方建立良好關係鋪路，另一方面又能夠了解對方的特點、態度和意圖。因此，在這個階段，必須十分謹慎地分析所獲得的對手的印象。不僅如此，還要立刻採取一些重大措施，用我們的方式對他們施加影響，並使這些影響貫穿談判的始末。最好把準備工作做得既周密又有靈活度。當雙方坐下來轉入正式談判前，應該充分利用開場階段從對方的言行中所獲得的資訊。在開場階段中，要能夠很快地掌握對方洽談人員的資訊，如是否有豐富的談判經驗和技巧，以及他們是什麼樣的談判作風。

對方的談判經驗和技巧無須言語就可以反映出來。比方說：他的姿勢、表情以及他「入題」的能力。如果他在寒暄時不能應付自如，或者突然單刀直入地談起生意來，那麼可以斷定，他是談判生手。談判高手總是留心觀察對方這些微妙之處。

對方的談判作風，同樣可以在開場階段的發言中反映出來。一位經驗豐富的談判人員，為了謀求雙方的合作，總是在開始時討論一般性的題目。另一種具有不同洽談作用的談判人員，雖然他的經驗同樣豐富，但其目的是為了對談判產生影響，他顯然會採取不同的措施。他不僅要了解「自己」的情況，甚至對每一個己方人員的背景和價值觀，以及每一個人有把握的和擔心的事，以及是否可以加以利用等問題，都要知道的一清二楚。

以上這些資訊，對於那些玩弄花招的，以犧牲對方利益而謀取自己利益的人來說，是至關重要的。這些資訊能成為他在日後的談判中所使用的武器。

當我們一旦察覺到談判中間將會發生衝突，就必須萬分小心。雖然，我們還無法判定談判將會怎樣展開，但是已經看見了「黃燈」。雖然，這並不等於表示「進攻」亮「紅燈」，但起碼已顯示出對方有些神經質或是經驗不足，或是對談判有些不耐煩了。

也許對方十分好戰 ——「黃燈」真的轉成「紅燈」，但對我們來講，這就極易做出相對的反應了，那就是披上我們的戰袍，投入戰鬥。

如果在這個階段，我們還不清楚對方這些行動的意思，而我們在談判開始時，所採取的是與對方「謀求一致」的方針，這時就應該引導對方與我們協調合作，並進一步給對方機會，使他們能夠回應我們的方針，同時，我們自己也應該有更充裕的時間和機會，判斷清楚對方的反應。

這時，我們施展技巧的目的是努力避開鋒芒，使雙方趨向合作。我們應不間斷地討論一些非業務性話題，並更加地關注對方的利益。

來看一看下面這段開場對話：

「歡迎你，見到你真高興！」

「我也十分高興能來這裡。近來生意如何？」

「這筆買賣對你我都很重要。但首先我對你的平安抵達表示祝賀。旅途還愉快嗎？」

「這個問題也是我們這次要討論的。在旅途中的飲食怎麼樣？先喝杯咖啡好嗎？」

這並不是一個漫無邊際的閒聊，雖然表面上它與將要談判的問題毫不相干。但是，如果對方在這段談話之後，仍堅持提出他的問題，我們就可以認為「黃燈」有變為「紅燈」的危險。如果他能夠接受這種輕鬆的聊天，雖然這並不能改變「黃燈」仍然亮著的事實，但它告訴我們它有轉為「綠燈」的可能。

在這個階段，我們最容易犯的錯誤，是過早設定對方的意圖。因為無論如何，我們已經掌握了一些資訊。對於這些資訊，我們還要隨著洽談及實質性談判的過程中，做出更深入的分析。

為了確保整體的談判效果，談判者要針對影響雙方談判決心的因素予以清除，並澄清談判真實形勢，掃蕩談判主題的外圍障礙，這稱之為「外圍戰」。

巧妙地顯示己方的實力

在談判中雙方接觸、摸底的階段，對於談判者，尤其是以前從未打過交道的談判者來說，除了盡力營造良好的談判氣氛外，還有一個非常重要的任務：就是透過對己方情況的介紹，將一些有價值的對己方有利的資訊傳遞給對方，顯示自己的實力。這對談判的深入乃至雙方最終達成協議都有非常重要的意義。先看下面這個談判實例：

A 公司是一家實力雄厚的房地產開發公司，在投資的過程中，相中了 B 公司所擁有的一塊極具增值潛力的地皮。而 B 公司正想透過出售這塊地皮獲得資金，以將其經營範圍擴展到國外。於是雙方精選了久經沙場的談判主將，對土地轉讓的問題展開磋商。

A 公司代表：「敝公司的情況你們可能也有所了解，我們公司是 ××

公司、××× 公司（均為全臺知名的大公司）合資創辦的，經濟實力雄厚，近年來在房地產開發領域業績卓著，在貴縣去年開發的空中花園，收益很不錯，聽說你們的周總裁也是我們的買主啊！貴縣的幾家公司正在謀求與我們合作，想把他們手裡的地皮轉讓給我們，但我們沒有輕易表態，你們這塊地皮對我們很有吸引力，我們準備把原有的住房拆遷，開發一片輕豪宅社區。前幾天，我們公司的業務人員對該地區的住戶、企業進行了廣泛的調查，基本上沒有什麼阻力，時間就是金錢啊！我們希望能以最快的速度就這個問題達成協議，不知道你們的想法如何？」

B 公司代表：「很高興能和你們有合作的機會。我們之間以前雖然沒有打過交道，但對你們的情況還是有所了解的，我們遍布全臺的辦事處也有多位主管住的是你們建的房子，這可能也是一種緣份吧！我們確實有出售這塊地皮的意願，但我們並不是急於脫手，因為除了你們公司外，X 公司、Y 公司等一些公司也對這塊地皮表示出了濃厚的興趣，正在積極地與我們接洽。當然了如果你們的條件較合理，出價更優渥，我們還是願意優先與你們合作的，還可以幫助你們簡化有關手續，使你們的工程能早日開工。」

雙方的談判代表都不愧是久經沙場的談判行家，三言兩語的自我介紹，就把己方的實力充分地顯示出來。特別是 A 公司代表的發言，簡直就是 A 公司的「實力宣言」。「兩大知名房地產公司合資創辦」的背景已令人刮目相看，而「去年開發的空中花園」又把 A 公司的實力立刻具體化，「幾家公司正在謀求與我們合作，想把他們手裡的地皮轉讓給我們」更是讓對方感到撲面而來的壓力，最後提及的該公司業務人員的調查結果也讓人不得不讚嘆該公司工作的高效率和無孔不入。

面對如此實力強大的談判對手，B 公司的代表表現得相當鎮靜，不卑不亢，在對對方的合作願望予以回應的同時，也三言兩語地介紹了己方不可小視的實力。「遍布全國的辦事處」意味該公司並不是局限於某縣的小角色，而是有著雄厚實力和廣泛影響力的全國性公司。而更可貴是，這樣意在顯示實力的意圖卻隱藏在一句似乎輕描淡寫意在聯絡感情的客套話之中，足見其談判技巧的嫻熟與高超。「我們並不是急於脫手，X 公司、Y 公司等一些公司也對這塊地皮表示了濃厚的興趣」。則是針對對方製造的壓力，反將一軍，增強己方談判實力的同時讓對方也有一種危機感，使己方不致在未來的討價還價中處於下風。

上述例子是談判者透過簡單地自我介紹，暗顯實力的成功典範。我們不止一次地強調，談判雙方是為了滿足各自某種需要才走到一起的。因此，若想與對方達成合作，你必須有能力滿足對方的需要，而且你要確知對方是否同樣有能力滿足你的需要。談判對手的實力是談判者最為關心的問題。

因此，透過資訊的交流，介紹己方的實力，取得對方的信任，是進行深入談判和取得談判成功的前提和基礎。好的談判者都非常重視在談判初始階段透過恰當的方式顯示自己的實力，取得對手的信任，讓其放心地與你一起謀求合作。比如上文例子中 A 公司的代表透過介紹本公司的背景和它們在某縣的經營業績，使對手對其信用和經營能力充滿信心，這就為未來的合作打下了很好的基礎。

一個談判者，需要對手信任的方面有很多。比如你需要使對手相信你是滿足他需要的最佳人選，你就應在介紹己方的情況時表現出你的坦率、真誠和滿足他需要的實力；如果你要使對手相信你是個兼顧雙方利益、真誠謀求合作的人，你就應努力表現出你的友好與公正；如果你要使對手相信你在談判中擁有足夠權限，是能夠最後拍板的人，你就應讓他知道你的資歷、地位；如果你要使對手不擔心你的信用，你就應努力表現你的言必信、行必果，並盡量透過一些具體事例把它們真實、生動地表現出來；如果你要使對手相信你是個久經沙場的談判行家，你就應表現出你的才智、技巧；你最好還要使對手相信他選擇了一個最好的談判對手。

當然，你所做的也是你的對手在做的或想要做的，一個談判高手總是努力製造與對手之間的信任氣氛，並借助這種信任，把對手由一個針鋒相對、寸土必爭的鬥士轉變為解決共同問題的合作者。

贏得信任讓事實說話

在談判過程中，運用客觀事實來介紹自己的實力，是贏得對方信任的一條捷徑。比如，在前面舉的例子中，如果 A 公司代表只說「我們公司近年在房地產開發領域業績卓著」就讓人覺得是自吹自擂，沒有什麼說服力。A 公司的代表很有經驗，緊接著舉出一個就發生在 B 公司身邊的案例：「在貴縣去年開發的空中花園，收益就很不錯，聽說你們的周總裁也是我們的買主啊！」馬上就使「業績卓著」變得具體可信，使對手對他的資信狀況充滿信心。

有的談判者就不注重這點，只會空洞地說：「我們公司的產品遠銷美國、東南亞。」「我們的產品是最好的，人見人愛。」不但會讓人覺得是「老王賣瓜 —— 自賣自誇」，而且會對你的誠信表示懷疑。這種方式是不會讓對手相信你的實力的。

俗話說「事實勝於雄辯」，在介紹己方的情況時，選用具有說服力的事實替你展示實力，會使你的介紹真實可信，事半功倍。

最常見的例子，是市場上賣西瓜的小販大聲吆喝：「西瓜，不甜不要錢，先試吃再買啊！」這就是在用事實向顧客介紹西瓜的品質，贏得顧客的信任。

談判的高手，總是充分地利用自己所掌握的事實，在向對手介紹情況時顯示自己的實力。

事實是可以驗證的，是不以人的意志為轉移而客觀存在的。事實的這種客觀性、直觀性有時候能比數據、資料等更具有說服力。在談判過程中，當你向對方介紹關於你實力的某個事實後，對方一定會以最快的速度去驗證。一旦驗證你所說的是真實可信的，你的實力也就不言自明了，對方對你的信任也就油然而生了。這也同時要求你在運用事實、顯示己方實力時一定要遵守規則，做到實事求是，絕不能言過其實，胡亂吹噓。在談判中口氣小一點，多留些餘地，反倒會使你陳述的事實更具說服力。這是一條心理學上的規律在發揮作用。這一規律認為：當人接收到低於正常標準的外界資訊時，人的心理活動趨向於擴大和加強外界刺激的作用。這種心理作用影響著人的選擇。因此在介紹己方情況時，實事求是，留有餘地要比誇大其辭更具有感染力，更具可信度。

談判中發問與敘述的技巧

談判中常運用發問作為認知對方需要的手段。一般包含三個決定因素：第一，要問什麼問題，第二，如何發問；第三，何時發問。問話對於對方的影響也是很重要的考量。下面這個故事可以說明提出適當問題的重要性：

有一個人向牧師問道：「我可以在祈禱時抽菸嗎？」他的請求遭到嚴峻的拒絕。另一個人向這位牧師問說，「我可以在抽菸時祈禱嗎？」因為提出問題的措詞和角度不同，他被允許了。

要求一個人表達立場之前，不妨先提出一兩個問題，以延遲其決定。親切的問題能夠找到需要的情報，引導性的問題可以避免對方閃爍其詞。有效的發問，將使參與者認識事實的真相，以及得到共同結論所必須的臆測。

提出問題是很有力量的談判技術，因此在應用時必須審慎明確。問題決定商談、討論的方向。適當的發問常能引導談判的結果。就好像轉動水龍頭能控制水量一樣。發問也能控制收集情報的多寡。問題刺激你的對手去思考，並且開始慎重地考慮你的意見。當我們需要特定的答案時，我們只提出特定的問題，諸如「現在幾點？」「你喜歡吃西瓜嗎？」類似的問題很容易回答，但本質上我們仍是在引導和控制對方的思考。如果我們不這樣做，而問對方：「你為何要那樣做？」「你是怎麼做的？」答案就困難多了。為了答覆你的問題，你的對手不得不想得更深入一點 —— 他會更謹慎地重新檢視自己的前提，或是再一次評估你的前提。

審慎運用問題，使你能輕易地引起對手的注意和對問題保持興趣。此外，還可將會談引導至你所希望的方向。藉著經常問巧妙的問題，往往可能使你的對手被導向你所期望的結論。

技巧性的問題，能把刺激情緒反應的一些潛伏性的因素顯露出來。在這種情況下，僅作簡單的陳述是明智的。「我了解你的感覺」，這類的敘述可以除去不必要的敵意。因為你已告訴對方，他的話你已經聽清楚了，而且你也了解他的觀點。此外告訴他你已掌握他心中的想法可能可以避免他反過來質問你。

適當的利用敘述，不僅能夠控制談判，也能使你的對手提供你所需的情報。最重要的是，有機會完全地控制情緒。不要避免訴諸情感的敘述。只要能夠確定這些敘述是在促進談判即可。

在談判逐漸陷入困境時，最好的策略，是運用類似「這是目前我們所能做到的」平淡的敘述句來緩和氣氛。用這種方法訴諸於對方使他認識與了解困難點，迫使他重新考慮當時的情勢。你可能認為採取較不困難的方法或是在某些問題上妥協，是較好的策略。在這種情況下你可以說：「如果那一點我們能用其他方式解決，那麼在這點上我不認為我們會有很大的困難。」這類的敘述表示讓步的意願，往往就能使得談判得以繼續。這被認為是種心照不宣的溝通，也是指出可能的解決途徑，保護自己面子的方式。其他闡釋性的敘述是：「如果你能將你的要求降低一點，那麼我會盡力說服我的合夥人接受它。」無論如何，如果沒有做出讓步和提出解決的方法，這類的敘述很可能導致談判破裂。

敘述的正確用法與用字的恰當與否有密切的關係。有時候，過於情緒化的字眼會破壞全盤大局。

談到說話技巧，我們應該注意到不客氣的字眼，是否有更婉轉的詞句可以表達。例如：你要拒絕一個人的請求時，可以不必直接回答：「不行！」你可以說：「我們考慮後會主動與你聯絡。」因此，談判碰上棘手的問題時，如果你不想直接造成僵局，就可以回答對方說：「我們暫時先把這個問題放到一邊，等會兒再回頭討論。」

在這裡讓我們再強調一次：談判的過程裡，我們應該建立各種不同功能的問話，談判由始至終，每種問話都隨時扮演著不同的功能及角色。也就是說，任何談判過程裡，問話都應該依循引起他人注意、取得消息、說明自己感受及提供資料、引導他人思緒活動，及將話題導向結論的規則進行。當然，每句問話不見得會立即產生結果或效果。不過，當你對問話的功能清晰的了解後，你可以放心地讓對方滔滔不絕的發表議論；你可以經由適當的反問，隨時控制談判的方向。

談判中回答問題的技巧

在談判過程中，每一次的交換意見與溝通資訊大多是透過問答的方式來實現的，有問就會有答。那麼，針對問話，如何作答才能使自己處於有利地位，免於被對方牽著鼻子走呢？下面就介紹幾種實用的應付提問的作答方法：

依發問人的心理假設回答問題的過程裡，有兩種不同的心理假設

一是問話人的，一是答話人的。答話人應該依照問話人的心理假設回答，而不要考慮自己的心理假設。讓我們舉例說明：

一個陸軍上尉在軍隊中擔任財務官，多年來他已經私下挪用了不少公款。有一天，他在美軍專用市場買東西，有兩個憲兵走過來拍拍他的肩膀，說：「上尉，請你跟我們到外面去一下好嗎？」上尉說他要先去洗手間，麻煩那二位憲兵等一下。上尉進了洗手間以後，就開槍自殺了。那兩個憲兵大吃一驚。他們只是看到他的座車停在門外的消防栓旁邊，要他把車子倒退一點而已。

這便是那位上尉以自己的心理假設行動的結果，以為自己挪用公款被發覺了。撇開是非不談，如果那位上尉是以憲兵的心理假設回答一句：「什麼事？」跟著出去看一看的話，說不定還活得好好的。

不要徹底回答

不要徹底回答，就是答話人將問話的範圍縮小。舉例來說，你去一對新婚夫婦家中做客，第二天那位丈夫問你：「昨晚我太太準備的那頓晚飯如何？」你可以這樣回答：「那張餐桌實在布置得太漂亮了，銀製餐具太

美了，是不是你們的結婚禮物？」

下面是另一個有關「不要徹底回答」的故事。

有兩個人到湖邊去游泳。他們看到湖邊有一個人在釣魚，就跑去問那個人湖裡有沒有水蛇。那人回答說沒有，兩人聽了就脫掉衣服跳入湖裡，盡情的游泳。等一會兒其中一個人向岸邊的漁人招呼：「湖裡為什麼沒有水蛇呢？」漁人回答說：「都被鱷魚吃光了。」這兩個游泳者聽了，嚇得屁滾尿流，趕緊爬上了岸。

不要徹底回答的另外一個方法是閃爍其詞。假如你是個推銷員，正在推銷一部洗衣機，來開門的人問你價錢多少？你明知把價錢說出來，他很可能會因為不便宜而立刻關上門。所以你不能照實回答，你可以閃爍其詞地說：「先生，我相信你會對價格很滿意的。請讓我把這部洗衣機和其他洗衣機不同的特殊性能說明一下好嗎？我相信你會對這部洗衣機感興趣的。」

不要確切地回答

這是說你的回答要模棱兩可，彈性很大。通常都是用比較的語氣來回答：「據我所知……」，先說明一件與你類似的情況，再拉回正題。或者，你可以利用反問把重點轉移，例如：「是的，我猜想你會這樣問，我會給你滿意的答覆。不過，在我回答以前，請先容許我問一個問題。」若是對方還是不滿意，你可以回答：「也許，你的想法很對。不過，你的理由是什麼？」或是，「那麼你希望我怎麼解釋呢？」

使問話者不要繼續保持追問的興致

回答問題的時候，可以說明許多理由，但不要把自己的理由說進去。舉例來說，對方問你：「鐵路交通的服務怎麼總是改不好呢？」你可以回答：「等政府設法撥出足夠的鐵路交通基金；政府對發展超音速飛機太過熱衷；鐵路工會工人的抵制；還有……」

回答問題時，也可以藉口問題無法回答，例如：「這是一個沒法回答的問題。」、「這個問題只有等待未來解決啦。」、「現在討論這個問題不會有結果的。」

把回答盡量淡化，例如輕描淡寫的一句：「這種事太司空見慣了。」或是「你這個問題很實在。不過，我覺得你這個人更實在，與你打交道真的可以放一百個心……」

當對方的問題不能予以清晰、有條理地反駁時，乾脆把問題的意義貶低，如「政府是不是有責任扶養那些窮人？」你就回答：「只怕有些不務實際的社會改革家，把人們的進取心都剝奪了。」

其實，只要我們稍加研究，就會發現許多巧妙作答的方法和技巧，而這些都是在談判中隨時可能用到的。因此，身為談判人員，很有必要學習並掌握它們。

談判中說服對手的技巧

說服，即設法使他人改變初衷，心悅誠服地接受你的意見。這是一項十分重要的技巧，一個談判者，只有掌握高明的說服別人的技巧，才能在變幻莫測的談判過程中，左右逢源，達到自己的目的；同時，這又是一項很難掌握的技巧，因為當你試圖說服對方之際，你將處於同樣的被人說服的地位，因而必將遇到重重阻力，你必須克服這重重阻力，才能達到說服對方的目的。

增進說服技巧的幾個環節

- **建立良好的人際關係**：當一個人考慮是否接受他人意見時，一般情況下，總是會先衡量一下他與說服者之間的熟悉程度和友好程度。如果相互熟悉，相互信任，關係融洽，對方就比較容易接受你的意見。因此，如果要在談判中達到說服對方的目的，必須先與對方建立相互信任、較融洽的人際關係。
- **分析你的意見可能導致的影響**：首先，向對方誠懇地說明要他接受你的意見的充分理由，以及對方一旦被你說服將產生什麼利弊得失。其次，坦率承認如果對方接受你的意見，你也將獲得一定利益。這樣，對方覺得你誠實可信，會自然而然地接受你的意見；反之，如果你不承認能從談判中獲得一定利益，對方必定認為你話中有詐，缺乏誠意，從而拒你於門外，你將無法收到說服對方之功效。
- **簡化對方接受說服的程序**：當對方初步接受你的意見的時候，為了避免對方中途變卦，要設法簡化確認這一成果的程序。例如，在需要書面協議的場合中，可以事先準備一份原則性的協議書草案，告訴被說服者「只需要在這份原則性的協議書草案上簽名即可，至於正式的協議書我會在一週內準備妥善，到時再送到貴公司請您斟酌。」這樣，往往可以當場取得被說服者的承諾，並避免了在細節問題上出現過多的糾纏。

運用說服技巧的基本原則

- 不要只說自己的理由；
- 研究、分析對方的心理、需求以及特點；
- 消除對方的戒心、成見；

- 不要操之過急，急於見效；
- 態度誠懇，平等相待，積極尋求雙方的共同點；
- 不要一開始就批評對方，不要指責對方，不要把自己的意志和觀點強加於對方；
- 說服用語要樸實親切，富有感召力，不要過多地講大道理；
- 承認對方「情有可原」，善於激發對方的自尊心。

說服的具體技巧

- 談判開始時，要先討論容易解決的問題，然後再討論容易引起爭論的問題，這樣容易收到預期的效果。
- 多向對方提出要求，多向對方傳遞資訊，影響對方的意見，進而影響談判的結果。
- 強調與對方立場、觀點、期望的一致，淡化與對方立場、觀點、期望的差異，從而提高對方的認識程度與接納程度。
- 先談好的資訊、好的情況再談壞的資訊、壞的情況。但要注意避免只報喜不報憂。要把問題的好壞兩面都和盤托出，這比只提供其中的一面更具有影響力。
- 強調合約中有利於對方的條件。
- 待討論過贊成和反對意見後，再提出你的意見。
- 說服對方時，要精心設計開頭和結尾，以便給對方留下深刻印象。
- 要由你明確地提出結論，不要讓對方去揣摩或自行下結論，否則可能背離說服的目標。
- 多次重複某些資訊、觀點，可增進對方對這些資訊和觀點的了解和接受度。

➢ 充分了解對方，以對方習慣與能夠接受的方式、邏輯，去展開說服工作。

不要奢望對方一下子接受你所提出的突如其來的要求，要先做必要的鋪墊，最後再自然而然地講出你在一開始就已經想好的要求，這樣對方比較容易接受。

強調互相合作，互惠互利的可能性，現實性，激發對方在自身利益認同的基礎上來接納你的意見和建議。

談判中說「不」的技巧

美國的一位談判專家曾說：「談判是滿足雙方參與彼此需要的合作而利己的過程。在這個過程中，由於每個人的需要不同，因而會呈現出不同的行為表現。雖然我們每個人都希望雙方能在談判桌上默契配合，你一言，我一語，順利結束談判，但是談判中畢竟是雙方利益衝突居多，彼此不滿意的情況時有發生，因此對於對方提出的不合理條件，就要拒絕。」

但是，談判中的拒絕並不是一個簡單的「不」字所解決得了的。你首先要考慮到如何拒絕方能不影響談判的順利進行。

此外，在談判中知道如何說「不」，知道何時說「不」，將會對你在談判中所處的地位造成調整作用。比如，如果你善於運用此道，就能給對方一種深不可測的感覺，從而對你望而生「畏」，使你在談判桌上占盡「地利」。

我們來看下面一個例子：

3 名日本航空的代表，跟來自美國的一家公司的一批世故的經理進行談判。

美方代表們的氣勢是壓倒性的，他們有備而來，氣勢洶洶，在談判一開始，就借用圖表、電腦圖像和種種數據的幫助，證明其價格的合理性。他們光唸完所有的資料就花了兩個半小時。而在這段時間裡，3 名日本代表一句也不反駁，默默聽著。

美方代表終於說完了，他們呼出一口氣，靠在軟軟的座椅上，以談判結束的那種語氣問沉默不語的日本人：「你們認為怎麼樣？」

其中一位日本代表彬彬有禮地淺笑了一下，說道：「我們不明白。」

「什麼？」美方代表驚詫地問道：「你們是什麼意思？你們不明白什麼？」

另一位日本代表又彬彬有禮地答道：「全部事情。」

銳氣大挫的美方代表差點心臟病發作。「從什麼時候開始？」他還是勉強擠出這幾個字。

第三位日本代表還是那麼彬彬有禮地說：「從談判開始的時候。」美方代表無奈地苦笑著，但又能怎麼樣呢？他像洩了氣似的靠在椅背上，鬆開昂貴的領帶，無精打采地又問道：「好吧，你要我們怎麼樣？」

三位日本代表同時彬彬有禮地答道：「您再重複一遍吧。」

現在日方反過來處在主動的地位了，美方起初的那股勇氣早已煙消雲散了，誰能再一字不漏地重複那堆長達兩個半小時的冗長資料呢？於是美方的開價開始下跌，而且越來越不利。

以上例子可以看出，日方代表未被美方代表的氣勢所嚇倒，並能沉住氣，彬彬有禮地說：「我們不明白。」挫傷了美方代表的銳氣，從而使美方的價格下跌，取得優勢。

在實際談判中，我們要靈活地說「不」。

敢於說出「不」

當我們想拒絕別人時，心裡總是想：「不，不行，不能這樣做，決不能答應！」等等，可是，嘴上卻不敢明說，只能含糊不清地說：「這個……好吧……可是……。」

當然這種口是心非的做法，一方面是怕得罪人，另一方面，過於直率地拒絕每一個問題也不利於待人接物。

但是，要知道，在談判中有勇氣說「不」其實是一招以退為進的妙招。

比如針對對方的報價。你可以略顯驚訝地說：「噢不！這不應該是貴公司的實際價格，這一價格不僅出乎我們的意料，而且與國際市場上同類品牌的產品相比，也高出許多。」

這就告訴了對方：我們對同類產品的國際價格掌握得很清楚；我方不會接受你們的報價。而對方聽了回答，也會知道我方不是好惹的，就會重新考慮報價問題。

選擇恰當的時機說「不」

敢於說「不」，並不是鼓勵每一個談判者必須好戰，事事與對方爭論。實際上，在談判中過於爭強好勝只會破壞雙方的合作。因此，在談判中，你可以說「不」，但必須有所講究。

一位律師曾經幫助一名房地產商人進行出租大樓的談判，由於他知道在何時說「不」，以及怎樣恰當地說「不」，從而取得了不俗的效果。

當時有兩家實力雄厚的大公司對此大樓表示出了濃厚的興趣，兩家公司都希望將公司遷到地理位置較好、內外裝修豪華的地方。

律師思索一番後，先給 A 公司的經理打去電話說：「經理先生，我的委託人經過考慮之後，決定不做這次租賃生意了，希望我們下次合作愉快。」然後，他給 B 公司的老闆也打了同樣的電話。

當天下午，兩家公司的老闆就同時來到房地產公司，一番討價還價之後，A、B 兩家公司以原先準備租用 8 層的價碼分別租用了 4 層。很顯然，房地產公司的淨收入增加了一倍，相應的，律師的報酬也就增加了一倍。

婉轉地說「不」

一家汽車公司的銷售主管一次在跟一個大買家談生意，這位主顧突然要求看該汽車公司的成本分析資料，但這些數據是公司的絕密資料，是不能給外人看的。但如果不給這位客人看，勢必會影響兩方的和氣，甚至會失去這位大買家。

這位銷售主管並沒有說「不，這不可能」之類的話。他的話中婉轉地說出了「不」：「對不起，連我也無法得到這些資料呀！」「公司是不容許這樣做的，否則我會丟掉飯碗的。」「這個……好吧，下次有機會我給你帶來吧！」「公司還未做過此類分析，倘若要做的話，恐怕得等一陣子。」

不論他的話是上述哪一種，知趣的買家聽過後是不會再來糾纏他了。

此外，委婉地拒絕，巧妙地說「不」，還有以下幾種建設性的做法：

用沉默表示「不」；用拖延表示「不」；用推脫表示「不」；用迴避表示「不」；用反詰表示「不」；用客氣表示「不」；運用那句韻味十足的「無可奉告」；「我不知道」；「事實會告訴你的」……

季辛吉在莫斯科向隨行的美國記者團介紹美蘇關於戰略武器限制談判的四個協定簽署情況時說：「蘇聯生產導彈的速度每年大約 250 枚。」記者馬上追問：「我們的情況呢？我們有多少潛艇導彈配置分導式多彈頭？」

季辛吉說：「我並不確切地知道正在配置分導式多彈頭的導彈有多少。至於潛艇數目我是知道的。但不知道是不是保密的。」

記者迫不及待地說：「不是保密的。」

季辛吉說：「不是保密的？那你說是多少呢？」

記者無言以對了。

嘴出成功人生：

解密肢體語言 × 掌握虛實話術 × 主導談話走向，談判桌上萬事俱備，只欠張嘴！

作　　者：吳載昶
發 行 人：黃振庭
出 版 者：崧燁文化事業有限公司
發 行 者：崧燁文化事業有限公司
E-mail：sonbookservice@gmail.com
粉 絲 頁：https://www.facebook.com/sonbookss/
網　　址：https://sonbook.net/
地　　址：台北市中正區重慶南路一段六十一號八樓 815 室
Rm. 815, 8F., No.61, Sec. 1, Chongqing S. Rd., Zhongzheng Dist., Taipei City 100, Taiwan
電　　話：(02)2370-3310
傳　　真：(02)2388-1990
印　　刷：京峯彩色印刷有限公司（京峰數位）
律師顧問：廣華律師事務所 張珮琦律師

定　　價：375 元
發行日期：2023 年 02 月第一版
◎本書以 POD 印製

國家圖書館出版品預行編目資料

嘴出成功人生：解密肢體語言 × 掌握虛實話術 × 主導談話走向，談判桌上萬事俱備，只欠張嘴！/ 吳載昶著 . -- 第一版 . -- 臺北市：崧燁文化事業有限公司, 2023.02
面；　公分
POD 版
ISBN 978-626-357-087-0(平裝)
1.CST: 商業談判 2.CST: 談判策略 3.CST: 溝通技巧
490.17　111022502

電子書購買

臉書